建筑方案的五个灵感来源

从构思到设计

FIVE SOURCES OF INSPIRATION
FOR ARCHITECTURE DESIGN
FROM CONCEPT TO DESIGN

毕昕 著

机械工业出版社
CHINA MACHINE PRESS

建筑是人的本质力量的表现，是人和社会存在的空间，也是人所创造的物质空间和精神空间。建筑设计中难的往往是设计概念推敲的阶段，其实从建筑的概念遴选到设计过程，再到建筑设计成果的最终呈现，都遵循着一定的客观规律。本书以建筑设计时最常用的几个灵感来源为线索，从环境、文化、行为、形态、技术五个方面，为建筑设计构思及创意提供既系统科学又艺术创新的演绎。每个部分都详细讲解了具体的设计方法，并通过建筑创作实践分析，具体讲述建筑设计构思与创意的过程。本书适合建筑设计及相关专业的师生、从业人士阅读。

图书在版编目（CIP）数据

建筑方案的五个灵感来源：从构思到设计 / 毕昕著.—北京：机械工业出版社，2022.12
ISBN 978-7-111-72028-7

Ⅰ.①建…　Ⅱ.①毕…　Ⅲ.①建筑设计—研究　Ⅳ.①TU2

中国版本图书馆CIP数据核字（2022）第213149号

机械工业出版社（北京市百万庄大街22号　邮政编码100037）
策划编辑：赵　荣　　　　　责任编辑：赵　荣
责任校对：韩佳欣　张　征　封面设计：鞠　杨
责任印制：张　博
北京利丰雅高长城印刷有限公司印刷
2023年2月第1版第1次印刷
148mm×210mm·6.375印张·96千字
标准书号：ISBN 978-7-111-72028-7
定价：59.00元

电话服务　　　　　　　　　网络服务
客服电话：010-88361066　机　工　官　网：www.cmpbook.com
　　　　　010-88379833　机　工　官　博：weibo.com/cmp1952
　　　　　010-68326294　金　书　网：www.golden-book.com
封底无防伪标均为盗版　机工教育服务网：www.cmpedu.com

前　言

建筑是建筑物与构筑物的总称，是人们为了满足社会生活需要，利用所掌握的物质技术手段，运用一定的科学规律、风水理念和美学法则创造的人工环境。建筑是人的本质力量的表现，是人和社会存在的空间，也是人所创造的物质空间和精神空间。"建筑是凝固的音乐"，每个建筑都有属于它自身的"特色"与"篇章"，不同的建筑呈现在我们面前的建筑风格各不相同，但从建筑的概念遴选到设计过程，再到建筑设计成果的最终呈现，都遵循着一定的客观规律。建筑最初是人类为了躲避风雨和野兽侵袭，用原始的材料(如石块、树枝等)粗略加工而成的遮蔽场所。随着人类社会的发展和进步，建筑在越来越美观、实用的同时，也呈现出越来越复杂、多样的趋势。

建筑学是研究建筑物及其环境的科学。它总结人类建筑活动经验，用以指导建筑设计创作和人工环境的创造。建筑设计的对象是建筑物或构筑物，建筑物和构筑物是人们生活环境的重要组成部分，与人的生存、生活息息相关，既包括营造活动中的技术、原理，又包括时代风格的艺术体现，体现了艺术和技术的系统知识。建筑设计是设计行为的一种，与其他设计类专业（平面设计、造型设计和艺术设计等）不同，建筑设计因其设计对象（建筑物或构筑物）的特殊性，在设计中受到的制约较多，这些制约因素直接影响着建筑。

建筑从规划建设立项到最终落成，需要经历建筑策划（项目建议、可行性分析、任务书编制）、方案设计、初步设计、技术设计、施工图设计、施工招标、建设、竣工交付等一系列过程。从建筑策划到初步设计的过程也是产生设计灵感，并将灵感转化为设计图纸的过程。

建筑根据其使用功能可分为居住建筑、公共建筑、工业建筑和交通建筑。公共建筑中的子类较多，主要包括办公建筑、教育建筑、医疗建筑、博览建筑、餐饮建筑、休闲娱乐建筑、文体建筑、商业建筑、宗教建筑等。每种建筑都有特定的功能需求，因此在概念设计的选择上会有一定的侧重。例如，文体建筑和博览建筑侧重体现表达地域性文化特征与内涵；教育建筑在设计中着重考虑各年龄段受教育人群的生理、心理行为需求；休闲娱乐类建筑可通过建筑与周边环境的交互关系使人更多地接触和感受自然，得到身心放松。

笔者在日常的教学与实践中发现，对于建筑初学者和部分刚开始接触工程实践的建筑师而言，设计的灵感大多来自对相似功能建筑的案例调研及对建筑所处地区文化符号的提取，这些对于建筑设计的顺利完成固然重要，但也导致了建筑间的趋同与相似。

建筑设计的灵感来源有很多，本书对最常用的几个来源进行归纳总结，将其分为环境、文化、行为、形态、技术五个大类，每类又分为三个具体的设计方法（图0）。通过列举上百个具体案例的照片、分析图和文字资料，从最初的构思到设计过程，对建筑设计进行详解，以期为读者的设计提供帮助。

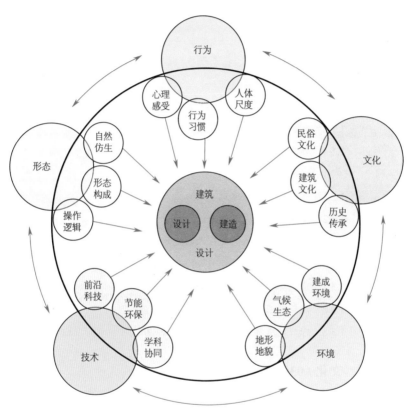

图0 建筑设计五个灵感来源逻辑图

目　录

来源一　环境

建筑本身是人造物，但建筑并非孤立存在，它应与所处的自然和人文环境、使用者的习惯和行为相适应。环境因素在设计中是首要考虑的概念因素和设计因素。

建筑所处的环境及其建造环境可以分为自然环境与人工环境两大类。自然环境是生活周围各种自然因素的总和，如太阳辐射、大气、土壤、水、植物、动物、岩石、矿物质等。建筑设计需要考虑的自然环境因素主要是与人类生活息息相关的地表要素，本章着重从地形、地貌、自然气候、生态环境这些方面论述建筑与自然环境的关系，以及基于环境适应性的建筑概念和设计方法。人工环境主要是指建筑周边及基地内已有的、与所设计建筑关系紧密的建成环境要素。包括已有的建筑物、构筑物、市政设施、人工环境小品等。

追求建筑与环境原有风貌和自然特征的和谐统一是建筑师追求的设计目标之一。尽量减轻建筑对环境的负面作用，最大限度地维持生态环境的原始风貌，是现代建筑设计策略的依据，也是建筑师的责任。

本章从顺应地形地貌、适应自然生态和呼应建成环境三个角度，提出与环境相和谐的建筑设计理念的生成过程及具体操作手法。

1.1 地形地貌

1.1.1 关于地形地貌

地形在《辞海》中的解释有两种：在地理学中，地形即"地貌"；在测绘工作中，指地表面起伏的状态（地貌）和位于地表面的所有固定性物体（地物）。地形是指：地表面的构造及其人造特征和自然特征之间的关系；或指对于某一地区的表面特征的精确而详尽的研究。

中国的主要地形可以分为五类：山脉地形、高原地形、盆地地形、平原地形和丘陵地形。山地延伸成脉状即为山脉，山脉地形构成了中国地形的主体骨架，一般是不同地形区之间的分界线，山脉延伸的方向称作走向。中国有四大高原和四大盆地，四大高原集中分布在地势的第一、第二阶梯上，四大盆地多分布在地势的第二级阶梯上，由于高度、位置、成因和受外力侵蚀作用不同，各高原、各盆地之间的特点也不相同。中国的三大平原分布在中国东部地势的第三级阶梯上，而丘陵分布广泛，丘陵地区通常林木茂密、矿产丰富、峰峦竞秀、自然景观良好。

中国的主要地貌具有鲜明的地区性分布特点。黄土地貌为黄土高原地区特有，黄土高原覆盖着深厚、疏松的黄土层，千沟万壑的黄土地貌将黄土高原的表面切割得十分零碎，沟壑一般可下切50~100米，有的区域甚至超过150米，主要是流水侵蚀的结果。丹霞地貌因广东的丹霞山而得名，在我国的浙江、福建、江西、四川、贵州等南方省份广泛分布，是富有垂直节理的红色砂岩或砾岩，在流水或者风力的侵蚀作用下形成的地貌类型。丹霞地貌在我国南方地区最为典型，我国的西北地区也有分布，比如甘肃省张掖市的丹霞地貌。新疆罗布泊的雅丹地貌、云贵高原的喀斯特地貌也都有着非常鲜明的地质特点与外形特点。

1.1.2 建筑与地形地貌

不同建筑存在不同的地域性特征，产生这些特征的因素主要有自然因素和社会因素，自然因素包括建筑所属的气候带及所处的地形、地貌。

自古以来人们进行建造活动的第一步是选址，选址就是人们为了适应地形、地貌而进行的勘察活动，尤其在面对复杂多变的自然地貌时，建筑只有和当地地形地貌、地质环境相融合，创造性地将建筑与地貌综合在一起，才能实现建造环境与自然地形地貌之间的和谐共生。

人们很早就意识到，大规模改造天然地形是十分困难和不合理的。事实上天然地形所固有的各种客观条件，如地质构成、空间结构、空间形态及其他特征是很难改变的。因此，自古以来世界各地的民众及建设者在进行建造活动时，都会考虑建筑与地形的适应关系。例如，居于山地地形的传统民居建筑，在建造时就会依山就势，结合山地地形和坡向，呈现出与山地一致的高低错落式布局；滨水的建筑，则会根据水系的走向沿岸布置（图1-1）。

a）河南安阳高家庄村

b）河南安阳皇后村

c）河南安阳西乡坪村

图1-1　依山就势、顺应地形的河南安阳传统民居建筑航拍图（代进银、崔明辉　拍摄）

1.1.3 顺应地形地貌的建筑设计概念

人类的建筑活动必然根植于大地，地形是建筑场地的形态基础，也是建筑活动所依据的自然要素之一。地形以场地的坡度、地势情况等为基本特征，地形对于建筑设计的制约作用的强弱与其自身变化的程度有关。顺应地形地貌的建筑设计并不局限于对地形地貌的模仿，而应理解为建筑对于地形地貌的适应关系。建筑设计包含的基本要素包括：形态、环境、空间、材料、结构等，这些基本要素都可以和地形地貌发生关联，并与地形地貌协调统一，这就是建筑对于地形地貌的适应性。

本小节将这种适应关系归纳为两方面：建筑与地形地貌相融合；建筑与地形地貌的双向适应。

1. 建筑与地形地貌相融合

建筑应适应地形，基地的地形结构对建筑的基本形态产生作用，建筑应尊重基地地形所提供的基本格调、大致轮廓、植被覆盖情况等基础条件。建筑与地形地貌的融合体现在以下几个方面：

1）建筑形态与地形地貌的融合，可以分为：建筑形态对自然形态的地形地貌进行模仿；建筑沿地形地貌原有肌理走向进行建设。

2）建筑空间与地形地貌的融合：从空间角度探讨，可以将外部地形环境引入建筑场地，甚至建筑室内，流水别墅就是其经典代表（图1-2）。

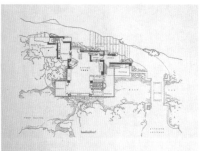

图1-2 流水别墅

3）建筑室内外环境要素与地形地貌的融合：建筑室内外环境的构成要素有很多，绿植、家具、雕刻装饰等，这些要素与既有地形地貌的融合，可以使建筑更具有地域性和本土性。

4）建筑结构、材料与地形地貌的融合：乡土建筑的结构材料来源于它所在的地区，因此乡土建筑与当地的地形地貌有极佳的融合性。在进行新建筑设计时，可以借鉴乡土建筑的这一特征，力求在结构和材料选择时结合当地的地域性特点，增强与环境，尤其是和地形地貌的融合。

2. 建筑与地形地貌的双向适应

地形地貌对建筑的制约无形中也增强了建筑对其的适应性。狭窄不规则的用地形状、高低错落的不平整地形、不稳固的地质结构等因素都在一定程度上制约了建筑的自由建造，因此建筑与地形地貌的双向适应就显得尤为重要。

建筑与地形地貌的双向适应体现在：①将地形地貌中的景观要素引入建筑中，或引入建筑内人员的视线内；②建筑本身成为地形地貌中的一个主要要素，在不破坏既有地形地貌的同时，二者相互融合，甚至能提升场地的文化价值。

郑东新区龙湖公共艺术中心坐落于郑州东区龙湖北岸沿湖公园的开敞坡地上，周边没有其他建筑，与北龙湖金融岛建筑群隔水相望（图1-3）。这是郑

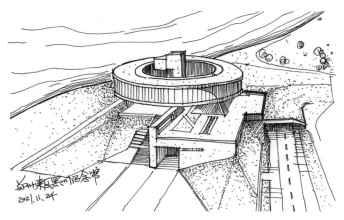

图1-3　郑东新区龙湖公共艺术中心（毕昕　绘制）

州东区北龙湖公园的地标性建筑，建筑师在建筑所处坡地高点的基础上将建筑进一步抬升，呼应周边平坦地形和环绕展厅一周的玻璃幕墙，使室内的人们也能享受郑州北龙湖沿岸的景观。独特的环形通透外形使坡地上的建筑无论白天还是夜晚，都是该地区的地标（图1-4）。

图1-4　郑东新区龙湖公共艺术中心鸟瞰

1.1.4 顺应地形地貌的建筑设计方法

平原、山地和滨水三种基本地形对于建筑设计的影响各不相同。本小节总结了以适应地形、不破坏原有地形地貌、减少施工土方为原则，顺应三种基本地形的四种设计方法：嵌入地形、借助地形、体块打散按地形散布、沿水系延展（图1-5）。

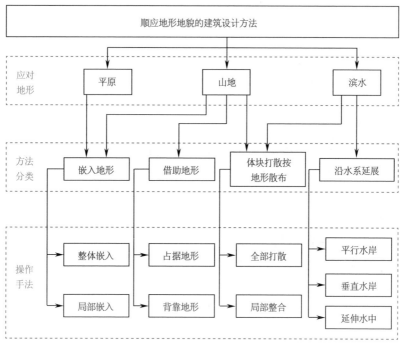

图1-5 顺应地形地貌的建筑设计方法框图（邢素平 绘制）

以上四种设计方法，有的适用于多种地形，有的只针对一种地形。其中：嵌入地形的设计方法适用于平原和山地；借助地形的设计方法主要针对山地；体块打散按地形散布的设计方法同时适用于山地和滨水；沿水系延展是针对滨水的设计方法。

这四种设计方法可进一步拓展为九种具体的操作手法：整体嵌入、局部嵌入、占据地形、背靠地形、全部打散、局部整合、平行水岸、垂直水岸、延伸至水中。

1. 嵌入地形

嵌入地形的设计方法，可以按照嵌入地形的程度分为：整体嵌入、局部嵌入；按嵌入地形的位置，可以分为嵌入水平向地表和嵌入垂直向坡面两种情况。整体嵌入是指建筑空间整体埋入地表或坡面内；局部嵌入则是建筑部分埋入地形，局部露出地面。整体嵌入地形的建筑空间仅有一个界面接触室外环境，用以自然采光、通风。局部嵌入地形的建筑空间有多个界面（立面和顶面）接触室外环境（图1-6）。

朗香教堂门房与修道院设计是针对朗香教堂的一个改造项目，该项目的设计内容包括三部分：入口处的建筑物、修女宿舍和景观设计。原来入口处的门房被替换为一座集售票、游客商店、生态花园和会议室为一体的综合性场所，还有一些管理办公室和用于研究、档案保存的空间。修道院由12个修女宿舍单元组成，并配备起居空间（如餐厅、工作室）和小礼拜堂。还有一处为寻求静默和精神休憩的游客提供的小屋。另有一座远离教堂的场地范围，面向所有社区教徒的小教堂。

由勒·柯布西耶设计的朗香教堂每年吸引了成千上万的参观者和信徒，已然成为信徒和建筑爱好者的朝圣地。因此，朗香教堂门房与修道院的设计原则是尽量减少对朗香教堂的各种干扰（人流、视线、周边环境等），部分空间嵌入坡地，融于周围的景观中（图1-7）。

经常被提及的掩土建筑就是嵌入地形的典型代表，其建筑空间处于地形土层或岩层内部，建筑外观隐于地形中，因被土层深埋，其内部空间一般具有较好的保温与隔热效果。

a）整体嵌入地表　　　　　b）局部嵌入地表　　　　c）整体嵌入坡面　　d）部分嵌入坡面

图1-6　嵌入地形方法分类（邢素平　绘制）

图1-7　朗香教堂门房与修道院

嵌入地形的操作根据嵌入程度可以分为：整体嵌入和局部嵌入两种。整体嵌入地形的建筑与所处基地的地形地貌完全融合，完全消隐于地表。局部嵌入则是建筑形体的一部分埋入地形中。建筑体量埋入大地的处理往往并不竭力掩盖和抹去建筑存在的痕迹，而是在一定程度上强化人工营造"嵌入"土地的效果。

　　位于河南安阳的殷墟博物馆位于殷墟遗址中心地带，因殷墟遗址范围太大，博物馆无法建设在遗址保护区的外围或边缘，于是建设在洹河西岸的遗址区中心地带。从博物馆的功能出发，建筑需要拥有一定的体量才能满足展览的需求和塑造完整的观展流线。为减少对遗址发掘区的干扰，设计尽量淡化和隐藏建筑物体量，将博物馆主体沉入地下，地表用植被覆盖，使建筑与周围的环境浑然一体，最大限度地维持了殷墟遗址原有的风貌。同时利用中心下沉庭院和回转坡道等空间对流向进行引导，在建筑消隐的同时不影响观展体验（图1-8、图1-9）。

　　建筑师安藤忠雄一直偏爱自然光与塑造地下空间的概念。地中美术馆和水御堂都是他探索地下建筑空间的实践案例。为保护直岛的天然景观，安藤忠雄将地中美术馆置于地表以下，从空中俯视，在漫山遍野的绿植与野花的掩映中，一个个二维的几何形状散落于地表。地中美术馆的入口是一条长长的甬道，逐步引导游人进入地下方形的天井庭院，然后经由其中的台阶再通过一条开敞式的甬道，才到达美术馆真正的主体部分。美术馆的办公区域和这个天井入口并排设置，流线互不干扰（图1-10a）。安藤忠雄将嵌入地形的手法在水御堂运用到极致，建筑空间建在莲花池下，成为一座水下寺庙，在莲花池的中央修筑一条通往寺庙入口的狭长通道，楼梯下行，光线逐渐变暗，走到尽头才能步入水御堂的地底空间（图1-10b）。

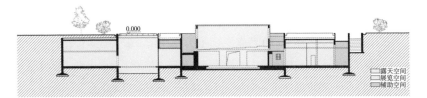

图1-8　殷墟博物馆剖面（邢素平　绘制）

图1-9　殷墟博物馆

a）地中美术馆

b）水御堂

图1-10　地中美术馆与水御堂

2. 借助地形

借助地形分为占据地形和背靠地形两种，占据地形是指建筑设计和选址时将建筑置于地势较高或较为突出的位置，使建筑在地形上突显出来，成为地上的标志物。背靠地形是让建筑倚靠坡地，建筑与地形较好地融合，一般会尽量选择面向主要采光朝向的一侧（图1-11）。

"NCaved"洞穴住宅建在爱琴海塞里福斯（Serifos）岛上，在离海岸线100米的岩湾处，住宅呈梯形"棋盘"结构，背靠岩湾嵌入坡地中。"NCaved"洞穴住宅这个名字，"N"取自建筑的结构与平面形式，"Caved（洞穴）"是因为整座建筑几乎"埋"在地下（图1-12）。

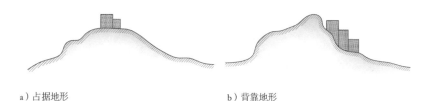

a）占据地形   b）背靠地形

图1-11 借助地形方法分类（邢素平 绘制）

图1-12 "NCaved"洞穴住宅

3. 体块打散按地形散布

体块打散按地形散布分为全部打散和局部整合两种形式。建筑形体打散为多个小体量组成部分，按照地形分散布置在各高程台地上，解决了大面积土方施工难的问题（图1-13a）。局部整合则是在体块散布的基础上将若干临近的建筑体块进行整合，形成整体分散、局部整合、主次分明的建筑布局，由此适应地形（图1-13b）。

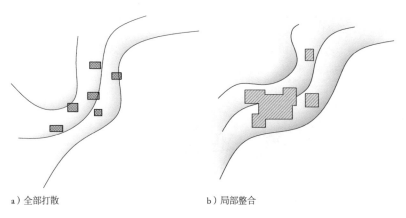

a）全部打散   b）局部整合

图1-13　体块打散按地形散布方法分类（邢素平　绘制）

中国美术学院象山校区位于杭州市转塘街道，依山就水布置，其一期工程是由10座建筑与两座廊桥组成的建筑群，作为影视动画学院、公共艺术学院、图书馆与体育馆使用。象山南侧的校园二期工程由10座大型建筑与两座小型建筑组成，包括设计艺术学院、建筑艺术学院、美术馆、体育馆、实验加工中心、学生宿舍和食堂。校区总体规划注重整体环境的意境营造和生态环境保护，将建筑、空间、园林绿化、自然环境融于一体，总体布置从地势和环境特点出发，遵循简洁、高效的原则，分区明确，充分考虑未来发展的可变性、整体性。中国美术学院象山校区建筑总体沿地形走势布局，山体、水系将建筑体量分割，散布于场地内，建筑也不刻意遵循构图原则和组织关系，而是尽量顺应地形的特征自然排布（图1-14、图1-15）。

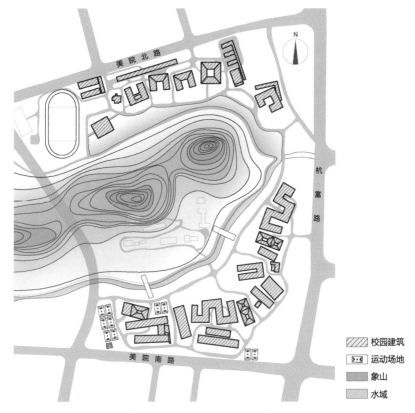

图1-14　中国美术学院象山校区总平面分析图（邢素平　绘制）

图1-15　中国美术学院象山校区（邢素平　拍摄）

盘龙城遗址博物院所在基地西高东低，东侧面水、西侧有一座小山丘，建筑设计时充分考虑这一地形特点，建筑采用集中式布局，背山面水而建，将以人工环境为主的展厅嵌入坡地的地下和半地下空间中；将注重开放和交流的公共空间环绕庭院设置，并运用高低错落、收放有度的公共廊道和节点空间组织

图1-16　盘龙城遗址博物院全景

串联，打造独具特色、气候适应性良好（自然通风、采光条件）的公共空间；建筑的主要观展出入口建在南侧的平坦地形上，将庭院、廊道、城墙、台阶、上人屋面（第五立面）、巷道等室内外公共空间打通，营造空间的流动性、丰富性和立体性（图1-16、图1-17）。

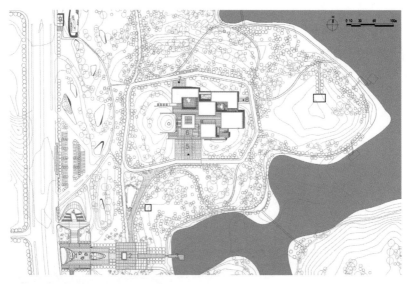

图1-17　盘龙城遗址博物院总平面图
注：该图取自参考文献[82]。

4. 沿水系延展

沿水系延展的设计方法可以分为平行于水岸、垂直于水岸和延伸至水中三种。平行于水岸的设计方法是让建筑长边沿水岸走向延展,建筑主立面面向水系,能将水景较好地引入建筑(图1-18a);垂直于水岸的设计方法是让建筑长边垂直于水岸线(图1-18b);延伸至水中的设计方法是让建筑局部跨入水中,这种手法的建筑与水的关系最为紧密,建筑的亲水性最强(图1-18c)。

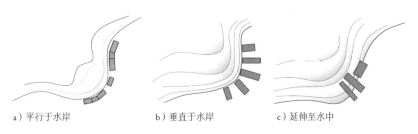

a)平行于水岸　　　　　　　b)垂直于水岸　　　　　　c)延伸至水中

图1-18　沿水系延展方法分类(邢素平　绘制)

中国国家海洋博物馆位于天津滨海新区,占地面积15公顷,建筑面积8万平方米,建筑主体分3层、局部4层,共设15个展厅及配套公共服务设施。博物馆地处天津新城区主轴线的尽端位置。分散的体量以近似对称的形式布置于轴线两侧,中间是博物馆主入口。建筑一侧滨水,以"张开的手指"的形态与水域交融。建筑沿水岸设置亲水平台、室外水上展场、栈道、浮桥等设施。首层结合具体空间功能,用通透的玻璃幕墙做外立面,保持建筑与室外滨水空间的交互性(图1-19~图1-21)。

图1-19　中国国家海洋博物馆沿海部分建筑风貌(毕昕　拍摄)

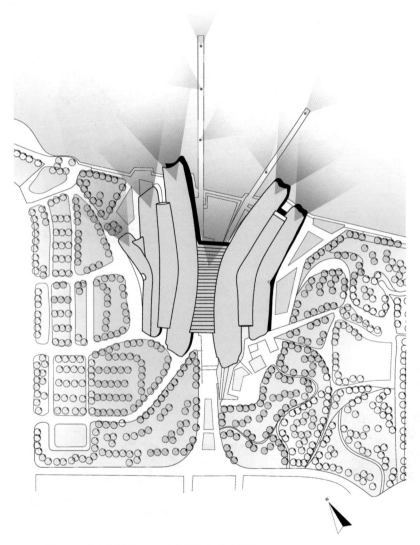

图1-20 沿水系延展案例：中国国家海洋博物馆（邢素平 绘制）

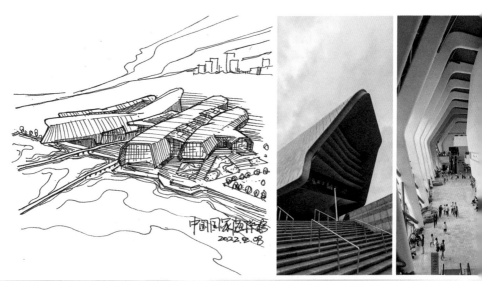

图1-21　中国国家海洋博物馆（毕昕　拍摄）

海上世界文化艺术中心位于深圳蛇口的海上世界片区，建筑主体具有面向山、海、城市的三重视野：三个屋顶分别朝向三个方向，构建面向城市、公园和大海三个方向的视线朝向（图1-22、图1-23）。

图1-22　海上世界文化艺术中心（毕昕　拍摄）

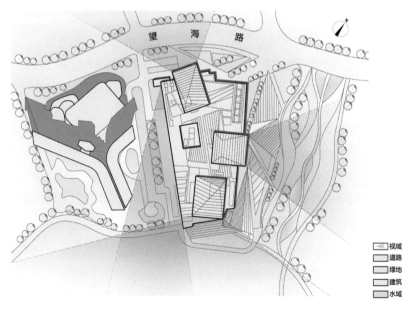

图1-23　海上世界文化艺术中心总平面分析图（邢素平　绘制）

1.2 气候生态

1.2.1 气候、生态与建筑

适应气候的建筑设计需要结合建筑所处地区的气候特点，利用设计手段为人们营造舒适的室内环境，隔绝外部气候因素对人生活和活动的不利影响。同时保证建筑与自然环境的和谐统一。随着社会的发展，建筑逐渐被赋予了更多的意义和象征性，人们也开始在建筑中发现美、欣赏美和创造美，而在建筑诞生之初，其最主要的功能是为人挡风遮雨，帮助人们抵御自然环境的侵害。中国幅员辽阔，从南到北，从东到西，各地区之间气候条件差异巨大。基于气候适应要求，中国建筑热工设计分区可分为五个气候区，分别是：严寒地区、寒冷地区、夏热冬冷地区、夏热冬暖地区和温和地区。这五个气候区对于建筑的要求差异较大：严寒地区建筑必须充分满足冬季保温要求，一般可不考虑夏季防热；寒冷地区建筑应满足冬季保温要求，部分地区兼顾夏季防热；夏热冬冷地区建筑必须满足夏季防热要求，适当兼顾冬季保温；夏热冬暖地区建筑必须充分满足夏季防热要求，一般可不考虑冬季保温；温和地区部分地区应考虑冬季保温，一般可不考虑夏季防热。

面对室外不断变化的气候环境，将室内调节成相对稳定和舒适的气候环境一直都是建筑的基本任务之一。随着社会发展和科技进步，人们对建筑的气候适应性的要求也越来越高，在保证室内良好环境的同时，保护生态、减少能源消耗与碳排放也成为越来越急迫的社会需求。建设和设计节能建筑、绿色建筑和可持续建筑都成为实现社会可持续发展的主要因素。充分利用风能、太阳能、水能等，从而减少能源的消耗，在建筑设计、建造和建筑材料的选择中，均应考虑资源的合理使用和处置，力求使用可再生资源。同时也要减少对环境的破坏，使建筑融入环境，回归自然。

由于世界各个地区和中国的各地区在温度、相对湿度、日照强度、风速风向和雨量等气候条件上各不相同，为了适应气候条件，各地区产生了各自的专属建筑风格。著名建筑师维克多·奥戈雅在《设计结合气候：建筑地方主义的生物气候研究》一书中首次系统地将建筑设计与气候、地域和人体感受结合起来，提出"生物气候地方主义"这样一种符合生物气候原则的设计方法。建筑设计的出发点有二：一是要满足特定设计地段或者场地的气候条件；二是需满足在特定的地域条件下，人体的舒适度要求，应根据这两点进行适应气候的建筑设计。通过设计，以自然的而不是机械空调的方式满足人们的人体舒适度要求。

1.2.2 建筑对气候生态的适应与调节

人体的舒适感与周围的温度、湿度、平均辐射度、风速、太阳辐射强度以及蒸发散热等因素有关。气候类型确定以后，可以根据具体的气候条件与人体的舒适区来确定具体的设计手段，包括通风、蒸发、散热、遮阳、日照等。以满足人体的舒适度要求（冷、热、干、湿等）为设计的出发点，注重研究气候、地域和人体体感之间的关系。建筑是人抵御气候侵害的最外层防护（图1-24），让建筑帮助人们适应和调节气候的方式主要有以下几种：1）合理选择围护结构材料；2）适应气候的总体形态布局；3）选择合理朝向；4）基于整体气候的空间形态组织；5）控制门窗洞口尺寸及形式。

图1-24 建筑外围护结构与人体体感关系图
注：该图取自参考文献[18]。

1）合理选择围护结构材料。建筑的外围护结构就像人的衣服，不同的材料有不同的物理特性。原始人类在最初进行建造活动时，没有更多的选择余地，只能使用身边易得的材料进行建造。社会发展带来科技进步，人与人的交往越来越频繁，人们对于建筑材料的选择也更加多元。选择合理的建筑围护材料能使人们更从容地适应地域气候对生活的影响。

2）适应气候的总体形态布局。气候对于场地设计和建筑布局是有一定制约的，比如群体建筑的间距问题和建筑群体内的采光和通风问题。总结辐射、大气环流和地理因素对建筑的有利和不利影响，再通过建筑群体的布局设计来对环境进行利用和改造，形成良好的居住环境和对人有利的节能微气候环境。

3）选择合理朝向。通常情况下，建筑朝向的影响因素主要体现在两方面，一是主导风向，二是日照。以我国南方的气候条件为例，在建筑朝向的选择过程中，主要考虑建筑的通风情况。为了保证建筑拥有良好的通风条件，建筑的朝向应与夏季风向呈45°角，使建筑内部形成良好的自然通风系统，保证空气循环。同时，还要注意建筑的排列形式，当建筑呈行列式排列时，要避开夏季主风向，防止建筑之间产生较大的漩涡区，影响后排建筑的通风。多栋建筑呈行列式布局时，建筑朝向应与夏季风向呈30°～60°角，保证建筑内部的自然通风条件。在保证建筑拥有合理的自然通风系统的同时，还要对日照进行适当的调节和利用，我国的建筑朝向基本都是坐北朝南，保证建筑获取更多的光照，但在设计过程中应结合实际条件对朝向问题进行分析。

4）基于整体气候的空间形态组织。建筑空间形态的确立应根据空间与自然气候的关系来决定。不同的空间形态组织对室内环境的影响是明显的。例如，整体性的单一形体空间有助于内部空间的保温，多体块分散的空间形态增加了建筑与外界接触面的数量，更有利于采光和通风。

5）控制门窗洞口的尺寸及形式。门、窗、天井等建筑洞口是建筑上的主要细部构件，它们的位置、大小、形状等属性对建筑采光和通风有显著的调节作用。

1.2.3 基于气候和生态适应性的建筑设计方法

为了因地制宜地进行建筑设计，建筑师们逐步总结出适应不同地区气候特征的设计方法：夏季炎热潮湿的地区，建筑组合应较为松散，户外空间开敞利于通风，并注意遮阳；而夏季干热的地区，建筑应较为紧凑，注重户外阴影空间的营造，庭院一般较为内向封闭；寒冷地区，建筑户外空间要考虑防风。在热带气候地区，户外空间的主要要求是阴凉；而在温带，户外空间另有冬季日晒的需要，所以它必须同时满足加热和冷却两种要求，或者有不同功能的户外空间并存。基于气候和生态适应性的建筑设计流程分为以下步骤：

根据建筑所处气候分区和地区气候特点确定主要影响因素（温度、湿度、热辐射等）→结合影响因素确定建筑整体空间的组织形式及形态布局→调节建筑主要功能空间的朝向→选定适合的外围护材料→通过门窗洞口对室内环境进行微调节。

环境中的气候要素有消极的、也有积极的。面对消极的气候要素，建筑师应当通过设计，尽量减少其对建筑内部空间的影响；而面对积极的气候要素，则应尽量将其引入室内，用以改善建筑内部空间环境。

艾哈迈达巴德洞穴画廊地处印度古吉拉特邦艾哈迈达巴德。炎热是该地区最主要的气候特点，建筑师多西在进行画廊设计时充分考虑当地炎热的气候，将建筑空间半埋入地下，仅有顶部小面积空间与外界接触，开圆形小洞口进行采光和通风。沉入地下的建筑空间，因地表层的覆盖和建筑外层覆盖的白色的瓷砖（可反射阳光照射）有效阻隔了艾哈迈达巴德当地炎热的气候，所以具有较为舒适的室内环境。露出地面的屋面和墙体呈穹顶结构外加管状凸起的形式，管状凸起是建筑的天窗，用来保证室内自然采光（图1-25）。

香蜜公园科学图书馆所处的深圳市福田区香蜜公园原为深圳市农科公园，总占地42.4公顷，其中绿化用地面积达33公顷，园区内植被种类丰富、环境良好，自然植物的调节能力使公园内的微气候和生态质量都很高，因此香蜜公园科学图书馆在设计建造时应尽量将建筑与公园进行融合。建筑空间包含会议室、阅览室、书籍杂志区、露台以及行政办公室。该地块原被用作深圳市农业

图1-25　艾哈迈达巴德洞穴画廊

研究中心，因此植被丰茂，成为深圳市市中心的一座绿色宝库，自然生态资源丰富。香蜜公园科学图书馆建筑结构轻盈，建筑共分四层，每层都用轻薄的楼板进行划分，轻钢结构和全玻璃幕墙立面构成建筑明亮通透的整体外形，体现出建筑轻柔触碰自然的意向（图1-26）。

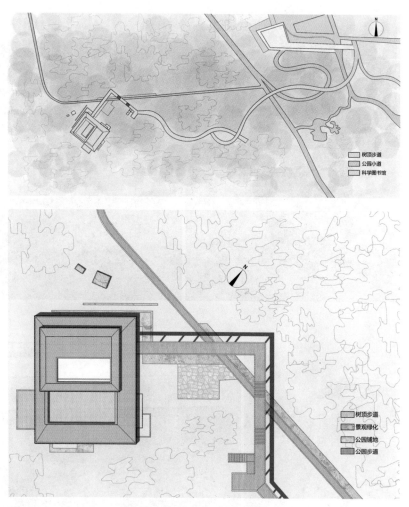

图1-26　香蜜公园科学图书馆及外部廊道空间分析（邢素平　绘制）

公园内部的"树顶步道"将建筑与整个公园"缠绕"在一起，建筑的观景平台为人们提供了观景的空间（图1-27）。

图1-27 香蜜公园科学图书馆（毕昕 拍摄）

1.3 建成环境

1.3.1 建成环境的定义和内涵

环境，广义上是指围绕建筑主体的各种要素的总和，环境可被看作要素与要素之间、要素与人之间、人与人之间的相互联系，通常指代生物（包含人）的周边，包括具有相互作用的外界。随着人类社会的不断进步，这一概念的范畴及内涵也不断发生变化。

建筑设计中的建筑环境主要指围绕建筑和人活动范围内的空间，也是联系建筑与人、建筑与建筑的重要载体。任何建筑都不是孤立存在的，建筑存在于自然和人为的环境之中，建筑物被建造的目的是为人们的活动（社会、经济、政治和文化等）提供场所，因此，环境对建筑既是一种制约，又是一种促进。建筑师在进行建筑设计时必须认真考虑建筑周边的环境所能发挥的作用，协调建筑单体、群体与城市整体环境的关系，是建筑设计的重要内容。

建成环境是一种给人们提供日常活动空间的人造环境，建成环境包括实体要素和空间要素两类，其中空间可以分为：室内空间、室外空间、过渡空间。实体要素是指具体的实体构成物，包括已建成的建筑物、构筑物、景观植被等环境中已存在的实体。

1.3.2 建筑呼应建成环境的意义

建筑作为城市不可分割的组成部分，无论是在交通组织、工程技术方面，还是在文化脉络、空间组织方面，都与城市息息相关，相辅相成。建筑的产生要依托于建成环境，与建成环境相辅相成，同时建筑又作为构成建成环境的一部分，作用于待建成建筑，服务于待建成环境。现代建筑师不能仅局限于对独栋建筑个体进行思考，而应把建筑视作城市的有机组成部分来设计。随着城镇化的深入，由于土地资源紧缺，城市建设越来越多地需要在城市建成区内进行，城市建筑与城市已建成环境间的关系变得愈发重要。建筑呼应建成环境的意义体现在以下三个方面：

1）建筑是城市及周边环境的组成部分。城市是复杂和多元的，建筑的建设应该建立在尊重城市肌理的基础上，更应该建立在与周围环境（自然环境和建成环境）协调的基础之上。建筑与已有建成区之间的对话，对实现新与旧的平衡，重新演绎城市空间、时间秩序至关重要。

2）建筑是历史的载体和历史的镜子，反映着历史的片断。时间线上重要历史事件无法重现，即使我们用文学作品、影视作品和音乐将它记录，但仍然显得不真实。而作为这些历史事件载体的城市、建筑却能通过人们的视觉、触觉唤醒人们的记忆。因此，建筑像一面历史的镜子，反射出一个个重要的历史片断。我们在进行新建筑的设计和建造时，应尽力"帮助"这些建筑留住它们的"记忆"。

3）建筑的功能不是永恒不变的，随着时代的变化，建筑在不同时期对使用者有不同的作用和责任。建筑的功能在时间的推进中也是变化的。如嵩阳书院，北魏始建为嵩阳寺，是佛教寺院，在隋代更名为嵩阳观，成为道教活动场所，后又作为教育建筑改为书院。一座建筑，尤其是具有一定历史遗产或者遗存的建筑，在不同的历史时期通常会被视为不同的场所。今天，有很多遗留下来的工业建筑遗产也都随着城市功能的需要被改造为更符合城市生活需求的公共建筑。建筑师通过呼应建成环境的既有功能进行建筑设计和建筑改造，能使建筑焕发新的生机，进而更加符合当下的社会需求。

1.3.3　呼应建成环境的建筑设计方法

既有建筑（旧建筑）是建成环境中最主要的元素。当旧建筑被保留时，新建筑与旧建筑之间需要保证结构稳固、形式协调统一、空间与功能互补。具体有三种设计方法：融合、渗透和并置。

融合是指新旧建筑相互包含，形成内外空间嵌套的关系；渗透是新旧建筑之间局部交错或者咬合，二者关系紧密，但并不相互包含；并置是新旧建筑间虽有关联，但保持一定的空间距离（图1-28）。

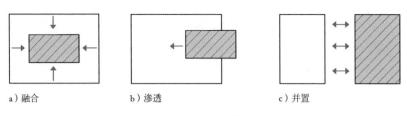

a）融合　　　　　　　　b）渗透　　　　　　　　c）并置

图1-28　新旧建筑之间的三种位置关系（邢素平　绘制）

1. 融合

融合是指在保证既有建筑完整性的前提下，将既有建筑包含在新建筑中，或新建筑融入旧建筑的处理方法，通过新旧建筑从内到外的反差产生丰富的场所空间关系。新建筑将既有建筑包含于自身之中，是对既有建筑进行保护与再利用的有效方式，而旧建筑中融入新的建筑或空间则可以使既有建筑焕发新的生机（图1-29）。

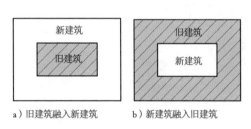

a）旧建筑融入新建筑　　　　b）新建筑融入旧建筑

图1-29　新旧建筑的融合（邢素平　绘制）

上海油罐艺术中心是一个综合性艺术中心，由曾服务于上海龙华机场的一组废弃航空油罐改造而来，是全世界范围内为数不多的油罐空间改造案例。五个既有油罐空间融入覆土绿化的新地形中，形成富有生机的、新的地表造型。其中1、2号油罐临近公路，相对独立，油罐整体位于地表以上；3、4、5号油罐有一半空间沉于地表之下，三个油罐之间的空间形成该建筑的公共服务部分：门厅、展览空间、报告厅、咖啡厅和艺术商店等，隔着通透的落地玻璃面向下沉式广场（图1-30）。

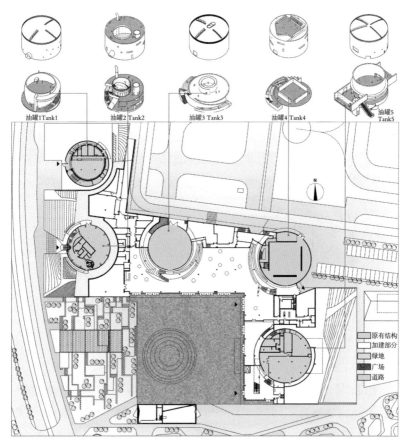

油罐1Tank1　　油罐2 Tank2　　油罐3 Tank3　　油罐4 Tank4　　油罐5 Tank5

N

原有结构
加建部分
绿地
广场
道路

图1-30　上海油罐艺术中心平面分析图（邢素平　改绘）

设计师将原有空间进行重塑与再造，利用原有空间的形状与体量，将其与艺术中心的功能相结合，产生了历史与当下、工业与艺术、既有建筑与新建空间的碰撞，也重塑了场地地形和大地景观（图1-31）。

滑县造纸厂位于河南省安阳滑县道口古镇，始建于20世纪六七十年代，厂区建筑基本保留着七八十年代红砖材料的建筑风貌（图1-32）。对该厂区采用将新的建筑空间融入原有建筑环境的手法，达到以下几个方面的更新效果：

图1-31　上海油罐艺术中心（毕昕　拍摄）

图1-32 滑县造纸厂改造后效果图与实景照片（吕红医 提供）

功能更新：将厂区改造为集餐饮、展览、商业、酒店、文创为一体的综合性商业街区和建筑群（图1-33）。

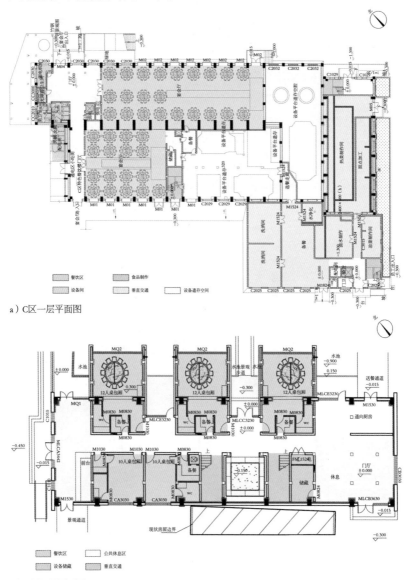

a）C区一层平面图

b）D区一层平面图

图1-33　滑县造纸厂平面图（吕红医　提供，祁锦兵　改绘）

结构更新：在原有红砖、混凝土框架和桁架结构基础上，嵌入玻璃采光顶、玻璃幕墙、钢结构楼板等现代轻质结构。

景观更新：对原有工业化厂区环境进行整体翻新，将绿地、水景、雕塑、休闲交流空间植入场地内，激活场地整体活力。

上海艺仓美术馆位于上海市滨江大道旁，原为老白渡煤仓原址，2015年以第一届上海城市空间艺术季为契机，其被升级改建为艺仓美术馆。原有煤仓空间无法满足美术馆展览空间的面积需求和功能组织要求，为更好地组织空间，并尽可能减小对原有煤仓结构的破坏，设计采用悬吊结构，利用拆除屋顶后留下的顶层框架支撑一组巨型桁架，并层层下挂，在完成空间拓展和流线组织的同时也构建了美术馆与黄浦江景之间的公共连接（图1-34）。

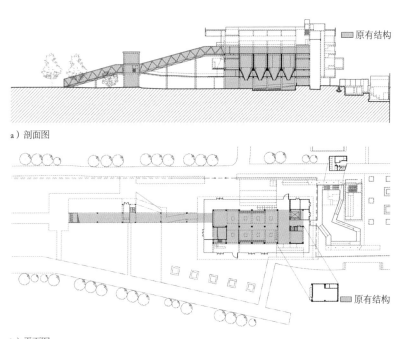

a）剖面图

b）平面图

图1-34 上海艺仓美术馆分析图（邢素平 改绘）

高架的步道、步道下的玻璃体艺术与服务空间、上下的楼梯、从水池上蜿蜒而过的折形坡道、直上三层的钢桁架大楼梯、在大楼梯中途偏折的连接艺仓美术馆二层平台的天桥，这些都在构建独特的属于老白渡这个工业煤炭渡口区域在城市更新后的公共性与新的空间文化形象（图1-35）。

图1-35　上海艺仓美术馆（毕昕　拍摄）

2. 渗透

新旧建筑之间的渗透也可以称为插入，区别于完全的融合，渗透会刻意突出新旧建筑之间的对比，增强建筑的"区别感"。无论是旧建筑渗透进新建筑，还是新建筑渗透进旧建筑，旧建筑的陈旧感会被刻意保留和外露，由此形成反差（图1-36）。

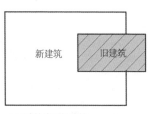

a）旧建筑渗透新建筑

b）新建筑渗透旧建筑

图1-36　新旧建筑的渗透（邢素平绘制）

龙美术馆西岸馆位于上海市徐汇区的黄浦江边，基地原址为运煤码头，现场保留一列20世纪50年代的，长110米、宽10米、高8米的煤料斗卸载桥。新的美术馆建筑将这些遗留下来的码头工业设施包裹起来，建筑设计采用独立墙体的"伞拱"悬挑结构，凸出的悬挑结构从两侧和顶部遮蔽住老旧的煤料斗卸载桥，形成了"现代"保护"历史"的造型。这些悬挑结构创造出建筑的室外灰空间，增强了建筑内外空间的交互感（图1-37、图1-38）。

图1-37　上海龙美术馆西岸馆（毕昕　拍摄）

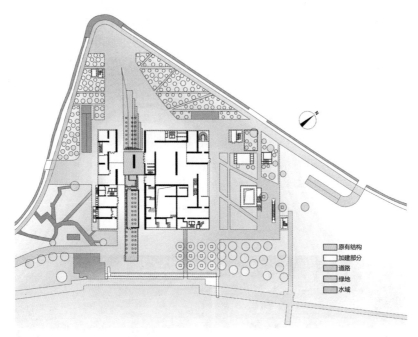

图1-38 上海龙美术馆西岸馆建筑平面分析图（邢素平 绘制）

图例：
原有结构
加建部分
道路
绿地
水域

3. 并置

融入与渗透建立了新旧
建筑之间的直接联系与接触方
式，而并置的新旧建筑则始终
保持相对独立的状态和一定的
距离感。并置也是被使用最多
的呼应建成环境的处理手法，
最大限度地减少了新建筑对既

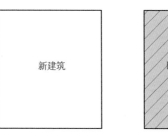

图1-39 新旧建筑的并置（邢素平 绘制）

有建筑的影响。建立新旧建筑之间的隐形联系是并置手法的核心（图1-39）。

其中最常用的方法是利用轴线建立建筑之间的隐形联系。轴线贯穿两点，
沿着轴线布置的空间和建筑会遵循轴线的秩序与规则。例如，城市空间轴线就

是在城市演变过程中形成的建筑与建筑之间的隐形秩序，它为新建筑提供了历史建成环境的内在逻辑。

乌尔姆展览馆及会议厅位于乌尔姆广场内，紧邻乌尔姆敏斯特大教堂，在这样的区位进行建筑设计需要充分考虑新建筑与教堂和周边建筑的关系。虽然最终建造完成的建筑外形摆脱了周边传统建筑和教堂的风貌，呈现为弧形墙面和体块叠加的现代造型感，但其平面设计是由教堂与邻近建筑的平面网格来控制的：从教堂平面中提取3×3网格，对整个场地布局进行控制；从邻近建筑的坡顶肌理提取出控制网格，对建筑范围和形状加以控制。由此确定了乌尔姆展览馆及会议厅与周边建筑的呼应关系（图1-40）。

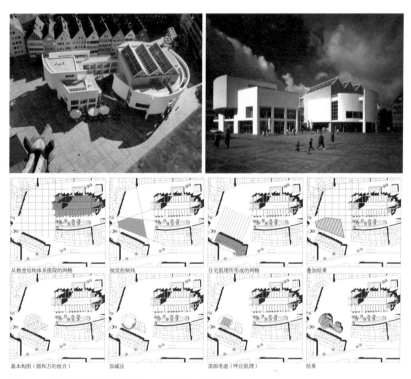

图1-40　乌尔姆展览馆及会议厅（邢素平　改绘）

来源二 文化

　　建筑是城市整体设计的一部分，建筑设计应充分考虑当地的历史文脉和建筑与周边环境的关系。文化和建筑存在地域性差异，这是客观存在的普遍现象，不同地区的人们在生活习惯、文化特征等方面的差异导致建筑在空间形态、场所感、材料运用等方面存在较大差异。而每个地区基于当地文化所形成的建筑文化也存在很强的地域性特征。

　　在某个时间段，曾经出现了大量建筑形式之间的模仿与"借鉴"，仿古建筑、仿欧式建筑等层出不穷，引起了建筑界的深刻反思。仿古建筑的，是将古典建筑中的符号或者总体外形借鉴使用，而忽略了建造逻辑和文化内涵；仿欧式建筑则是完全不考虑建筑应有的地域属性，挪用西方的建筑形式、符号，或强行应用西方已成熟的设计方法。这些无目的的照搬，不能称其为建筑文化的保留，只能算是简单的模仿。

　　因此，体现当代建筑自身的地域性特征是很多建筑师追求的设计目标。将地域性建筑的形式、构造、细部装饰中具有文化属性的要素加以保留，并对其进行提炼或抽象化加工，使之符合当代建筑的工艺要求和审美要求。

2.1 历史传承

2.1.1 历史文化的重要性

不同地区的自然、人文特征滋养出不同的历史文化，不同的历史文化又创造出丰富多元、个性鲜明的地域性建筑。每座建筑都有自己的历史，同时也记载了一个地区的历史片断，我们在创造新建筑的同时，需要尊重当地的历史和文化。

建筑中的历史文化传承分为物质上的和精神上的。物质上的是指建筑物、城市、乡村、园林、道路、景观等实体要素的历史性表达；精神上的是指通过物质反映出的建筑理论、人文美学、价值观等。建筑师通过自己设计的建筑表达对历史的传承和尊重时，不应简单复制物质上的历史符号，更应该挖掘民族精神上的历史观和文化观。

历史文化遗产承载着一个民族的文化基因，折射着一个民族的精神特质。保护历史文化遗产，将历史文化传承并发扬，有助于提高文化自信、增强文化认同。从历史层面来看，保护历史文化遗产就是记录和传承文明发展史，以史鉴今；从社会发展层面来看，保护历史文化遗产为建立民族自信，发扬优秀传统文化和实现民族复兴提供了有力支撑；从经济层面来看，对历史文化遗产的保护与利用，在扩大对外交流、发展文化旅游等方面发挥着重要作用。

中国是四大文明古国之一，有着悠久的历史和文化，在建筑设计方面尊重历史、传承文化是中国建筑师的使命和担当，长久的历史也给予中国建筑师拥有更多的可能性和发挥空间。

2.1.2 历史文化在建筑中的传承

建筑是人类历史的重要载体，是历史事件发生的场所。建筑中包含着大量的历史信息：建筑所处时代的科技水平、人们的生活习惯、重大历史事件等。遗憾的是，大量建筑都在历史的不断更迭中损毁和消失了。修缮历史建筑、恢复建筑风貌、传承历史内涵是当代建筑师的社会责任，建筑师要做的工作主要包括三个方面：

1）对保存完好的历史建筑进行保护。

2）对损毁严重的历史建筑进行修缮与保护。

3）在具有历史意义的地区和场所进行建筑与场所建设，唤起人们的历史记忆，保留历史文化。

前两项工作主要由各级文物保护单位主导，建筑师协助完成。在具有历史意义的场所进行建筑和场所建设是建筑师的主要工作内容。设计时切记避免张冠李戴，不得挪用其他地区历史元素，不得使用不符合当地历史文化特征的元素。应尽量做到：建筑形式与空间格局适应当地历史文化背景；建筑风貌应体现当地历史文化特征；建筑元素能体现当地风土民情。

嵩山少林武术馆位于登封少林寺景区内，主体建筑于1988年竣工并投入使用，总占地面积5公顷，建筑面积约2万平方米，训练场馆包括：480个座位的演武厅、5000座位演武场、500平方米室内练功房、2300平方米室外练功场，还有十八铜人廊。嵩山少林武术馆总体布局依山就势，注重对传统建筑风格的继承，主体建筑演武厅的平面布局沿中轴对称，建筑外观根据功能和结构需求，对古典屋顶和柱式造型加以改造，形成具有古典韵味、又与现代建筑组合的公共建筑（图2-1）。

图2-1　嵩山少林武术馆（毕昕　拍摄）

图2-1 嵩山少林武术馆（毕昕 拍摄）（续）

2.1.3 在建筑设计中尊重历史传承

建筑设计中对历史的回应能充分体现建筑设计对于历史的尊重与传承。建筑设计中对于历史的回应可以体现在以下三方面：回应地域文化、回应历史事件、回应名人名家。

地域文化是一个地区总体的文化特征，反映在历史发展脉络、科技文化成就、人们生产生活方式与习惯等方面。具体的历史事件可以包括历史上有记载的该地区发生的重要自然现象（天文现象、自然灾害等）、改变历史进程或文化进程的人为事件（战争、政党诞生等）等。一个地区重要的历史人物、当地名人及其主要事迹也从侧面体现了当地的文化特征与历史脉络（图2-2）。

建筑对历史的回应方法主要有三种：利用空间组织映射历史脉络；通过空间氛围展现历史场景；借助建筑形态表达历史元素。

1）利用空间组织映射历史脉络：将历史时序和发展脉络放入对应的建筑空间中，采用串联或并联的方式组织空间中的交通，空间行为模仿历史脉络，

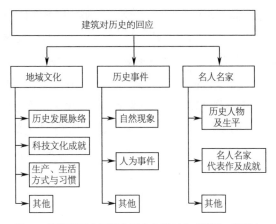

图2-2 建筑对历史回应的三个主要对象（毕昕 绘制）

增强体验感，这样的设计多用于博览建筑。博览建筑大多选址在历史信息密度
高、历史价值大的重要地段，用以全面展示与场所地点相关联的各个方面的
历史遗存，或者是以场地为代表的一条历史线索、一个时代特征、一类生活
方式等更加泛化的历史信息。一座成功的博物馆，可以成为一座城市的标志性
景点，成为城市历史文化的重要宣传窗口，承担向市民及游客科普的功能。这
样的博物馆所创造的价值，可以反过来为保护承载博物馆的历史建筑或场所提
供助力，实现保存历史信息与创造社会价值之间的良性互动。下面我们将会以
两个例子来说明，如何在建筑设计策划中尊重历史传承，实现建筑的历史文化
价值。

洛阳博物馆位于洛阳洛龙区隋唐城遗址植物园以北，占地20公顷，总建筑
面积6.2万平方米，其中地上面积4.2万平方米，地下2万平方米，紧邻隋唐洛阳
城国家遗址公园。受到大遗址保护规划的要求，其建筑高度控制在15米以内。
因建筑高度制约和巨大的面积需求，建筑体量整体较为扁平。主要展厅空间与
辅助空间分离，展厅集中布局形成两层正方形主展馆，库房、办公、设备等辅
助用房集中设置在展馆北侧的附属建筑中。

博物馆主体建筑从都城文化、遗址文化、河洛文化、园林文化四个方面体现出对文化的传承。都城文化：从外形上来看，洛阳博物馆以象征古代王权及宗教礼仪的"鼎"为原型，主展馆外观具有"定鼎中原"和"鼎立天下"的寓意（图2-3）。河洛文化：主展馆屋顶平面采用拓扑组合的构图手法，将河图、洛书的意象进行提取和表达。遗址文化：屋顶用13个类似遗址基坑的造型表现洛阳建都史上的13个朝代，同时巧妙地利用了屋顶的跌宕起伏，在隋唐洛阳城遗址的真实背景中营造出遗址的意象（图2-4）。园林文化：借鉴中国传统的造园手法，在空间布局和设计上，依照观展流线，在不同位置设置大小不一、形状各异的采光井及庭院，使观展流线始终与自然景观相互穿插，也创造出自然的寻路和导视系统。

图2-3　洛阳博物馆（毕昕　拍摄）

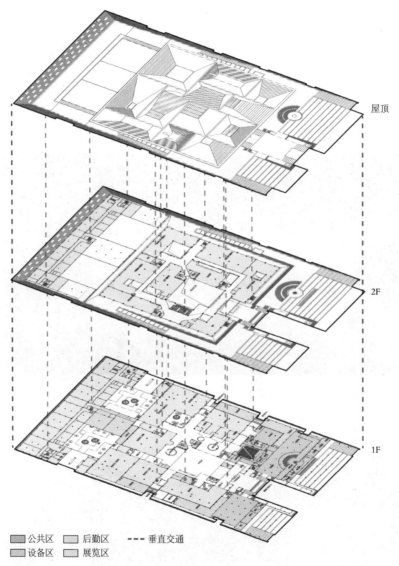

屋顶

2F

1F

公共区　　后勤区　　- - - 垂直交通
设备区　　展览区

图2-4　洛阳博物馆功能与流线分析图（祁锦兵　描绘）

2）通过空间氛围展现历史场景：强调建筑空间的氛围感，营造出可以反映历史特点的场景和场所感。这样的手法一般用于舞台设计、纪念性建筑设计、博览建筑室内设计中。图2-5为河南戏剧幻城"只有河南"的室内外场景。通过还原历史建筑和用科技手段展现历史场景来创造历史氛围感，增强人们对历史的直观感受。

图2-5 戏剧幻城"只有河南"室内外场景中的历史氛围（毕昕 拍摄）

3）借助建筑形态表达历史元素：将历史建筑形象抽象化，结合现代需求与手法，将其运用于当代建筑设计中。吊桥是中国传统城池、城郭中，防御体系的重要组成部分，与城门、城墙、护城河等设施共同构成了对内城的防护，因此吊桥也成了城市入口和安全防卫的代名词。内蒙古工大建筑设计有限责任公司的入口运用吊桥这一传统符号，对其进行抽象演绎，虽然不具有悬吊起来阻拦进出的功能，但从形式和意向上都体现出对历史要素的传承（图2-6）。

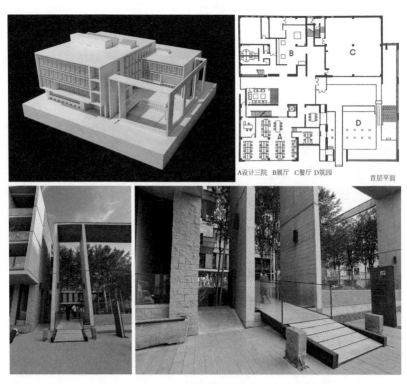

图2-6　内蒙古工大建筑设计有限责任公司办公楼及入口设计（毕昕　拍摄）

2.2 建筑文化

2.2.1 文化的定义

"文化是相对于经济、政治而言的人类全部精神活动及其产品"。广义上文化是指人类在社会实践过程中所获得的物质、精神的生产能力和创造的物质、精神财富的总和；狭义上是指精神生产能力和精神产品，包括一切社会意识形式：自然科学、技术科学、社会意识形态。有时又专指教育、科学、体育、文学、卫生、艺术等方面的知识与设施。

文化在本质上是一种功用性装备。人们通过文化视角可以更多元、客观地看待所处环境中的人与物，更清醒地审视当下面临的问题。它是物体、活动和态度的体系，其中的每一部分都作为达到某个目的的手段而存在。它是个整合体，其中各种要素相互依赖，包括家庭、民族、地方社区、部落、经济合作、政治、法律和教育等要素。文化可以分解成诸多方面，如经济学、知识体系、信仰与道德，也包括创作和艺术表达的方式。

2.2.2 建筑与文化的关系

建筑是由砖石木瓦等材料构建起的空间，建筑的空间属性是由使用人群的行为习惯塑造的，而这种"行为习惯"既包含了人们的生理行为，也囊括了心理行为，这些行为习惯为人们提供了"适用"与"美观"的评价标准。而这些行为所体现的，正是某个时代背景下，特定地域中一类人群和其种族的文化。这正是建筑与文化的关系。广义上文化的三个重要属性：地域性、民族性和时代性，这三种属性相互关联、密不可分。地域承载了某一时代下，特色的民族文化；而民族特色则是对地域和时代的记录；时代是世界上所有地域与民族的荟萃，三者相辅相成，构成一个统一的整体。

1. 建筑的地域性

建筑是地区的产物，世界上没有抽象的建筑，只有具体的地区性建筑，建筑来源于所处环境，也扎根于具体的环境中，受到所在地区地理气候条件的影响，也受制于地形地貌和城市既有环境的制约。

建筑设计要适应地域特征，首先要充分考虑不同地区气候的特殊性。寒冷地区建筑敦厚，而炎热地区建筑通透，降雨稀少地区多见平屋顶用以集水，而雨量充沛地区多以斜屋顶方便排水，由此可见不同的建筑空间形态能够适应不同地理环境。除自然气候条件外，地质条件也需要充分考虑，我国幅员辽阔、地质特征丰富，涵盖了广袤的平原、山地和丘陵。中原地区是华夏文明的发源地，广阔的平原上建筑大多坐北朝南、整齐划一；而在南方的丘陵地区，日照影响较弱，建筑朝向多依山傍水；山地的建筑组织则更需要充分考虑山地地形的特殊条件。最后，需因地制宜、合理利用当地的自然资源。符合地域特点的建筑设计能加深使用群体的认同感与归属感，为建筑的文化价值筑牢根基。

2. 建筑的民族性

民族性在广义上指的是一个民族在特定的环境、社会、文化中，经过长时间积累所形成的一种集体意识。每个民族都有其独一无二的经历，血缘、信仰、经历的差异赋予了各民族属于自己的民族特色与民族情感，这种民族的意志与取向在个体和群体上都有所显现，因此提取一个民族特有的记忆与情感是重塑建筑文化的重要手段。

民族性是建筑的重要特征之一。首先，现在存在的建筑形式都是由特定的地理环境、民族习惯等因素共同孕育的，不具备这些特征的建筑是空洞的。其次，不同民族的审美取向也不尽相同，与之并列的还有民族的价值取向与信仰。因此，无论是民族色彩，还是图腾、文字符号，都能激起人们心中的民族情感。通过建筑的民族性让建筑主体与使用者产生共鸣，这是重塑建筑文化的核心。最后，任何建筑都存在着自己的民族性格，即使在经济与技术飞速发展的今天，我们也不能抹杀掉建筑中的民族个性。建筑之所以能够被当作是一种艺术，是因为它体现的是一种集体无意识行为，任何一个人都是属于特定的种群的，而这个种群之所以区别于其他种群，正是因为它具有区别其他种群的民族性，所以我们可以认为建筑是我们民族性的外在表现。

3. 建筑的时代性

建筑是一个时代的写照，是社会经济科技文化的综合反应。现代建筑的创作应该符合当今时代的特点和要求，建筑师要用自己特有的建筑语言来表现所处时代的特质，表现这个时代的科技观念，揭示时代的思想和审美观。时代精神决定了建筑的主流风格，把握时代脉搏，融合优秀地域文化的精华，建筑才能创新和向前发展。

随着时代的发展，人们的物质需求发生改变，人们的行为方式也在不断改变，因此建筑设计首先要用合适的空间形态满足现代日新月异的功能需求，以发展的眼光看待问题，不落窠臼。当既有建筑已完成了某个历史阶段的特有使命，应当将时代进步后的新功能融入其中，使既有建筑得以适应现代城市多样的文化和商业活动。技术的更新与进步是时代发展的馈赠，新的建筑技术同样是对时代的记录。在如今全球化的世界背景下，建筑要适应多边发展的趋势，兼容并包。

2.2.3　传承建筑文化的设计方法

传统建筑文化在当代建筑中的传承可以通过以下四种设计方法实现：空间建构、形态模拟、符号提取、工艺传承。这四种方法在操作时可以细分为若干种具体手法（图2-7）。

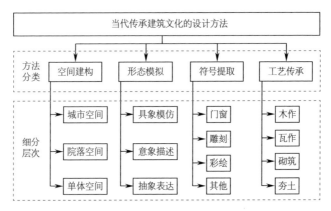

图2-7　当代传承建筑文化的设计方法（毕昕　绘制）

1）空间建构，即建构传统建筑空间。对特定的传统建筑空间进行解析，将传统建筑空间应用于当代建筑设计中。传统建筑空间从宏观、中观到微观可以分为三个层次：城市空间、院落空间、单体空间。这三个层次的传统空间在各地区都有自己的特点，在传承建筑文化时，要将这些空间特点加以提炼和转译，再应用于当代的城市设计、场地设计及建筑设计中。

2）形态模拟，即对传统建筑形态进行模拟。利用现代建造技艺对传统建筑形式或建筑主要构件形式进行模拟或复刻，分为具象模仿、意象描述和抽象表达三种具体手法。

3）符号提取，指提取传统建筑细部文化符号加以利用。对传统建筑门窗、雕刻、彩绘等细部进行提取，局部应用于当代建筑设计中。

4）工艺传承，指对传统工艺技法进行传承。传统的建筑智慧不仅体现在建筑本身的形式与功能上，更多体现在传统建造工艺中。当代建筑中的传统建造工艺包括：木作（大小木作）、瓦作、砖石砌筑和夯土工艺等。

1. 空间建构

城市是大尺度的空间，早期的乡村、聚落通常是依山就势，沿着自然地形进行建筑布局与建设，而城镇的诞生也意味着早期规划活动的开始。从隋唐以前的"中正对称、方正规矩"，到宋以后的"非对称、自然街巷"，都体现出极高的城市规划、建设和管理水平。现代建筑中，将城市空间微缩至建筑场地内，对典型城镇空间进行抽象表达的设计案例有很多。

商丘博物馆位于河南省商丘市睢阳区，东北方向是商丘古城，西部紧邻华商文化遗产主题公园，建筑整体对以商丘归德古城为代表的豫东黄泛区古城池典型形制特征进行了提取和再现。归德古城的空间特点可以归纳为：内城呈方形，四面设城门，城门外的外城是以商业贸易为主导的沿街关厢区；古城内部道路呈棋盘网格状分布，东、西、南、北四条主要干道直通城门，形成城内交通骨架；为防御洪水，城墙外围一定范围内堆土设置圆形的护城堤（又被称为城郭），在堤与城墙之间的是城湖，由城墙、城湖和城堤共同构成"三位一体"的防洪体系。

商丘博物馆主体由三层上下叠加的展厅组成，周围环以下沉式的景观水面和庭院，水面和庭院之外是层层叠落的景观台地和外围高起的堤台，使建筑主体犹如是被发掘出来的一样，与黄泛区古城城墙、坑塘和护城堤等要素呼应。上下叠层的建筑主体喻示"城压城"的古城考古埋层结构，同时还体现出自下而上、由古至今的陈列布局（图2-8）。参观者由大台阶和坡道登临堤台，由中部序言厅入"城"，自下而上沿坡道陆续参观各个展厅，最后到达屋顶平台。建筑在不同方向均设置眺望台，凭台远眺阀伯台、归德古城、隋唐大运河码头等遗址，怀古思今，意境绵绵。

图2-8　商丘博物馆（毕昕　拍摄）

商丘博物馆对归德古城的空间传承表现为：博物馆总体呈建筑、下沉景观和场地交通三重空间关系，模仿归德古城的内城、外城的关系；博物馆主体建筑的正立面朝向与归德古城的中轴线朝向保持一致；商丘博物馆主体建筑周边设置下沉的景观空间，模拟归德古城的池、堤；博物馆主体建筑设置四个方向的出入口，对应归德古城四个方向的城门。

河南二里头夏都遗址博物馆位于洛阳市偃师区二里头遗址南侧，总建筑面积3.2万平方米，展出文物2000多件，博物馆共设有5个基本展厅，2个临时展厅，是一座展示夏都文化、二里头考古遗址、夏商周断代工程和中华文明探源工程成果的专题博物馆。该博物馆于2019年建成并投入使用。室外场地的设计是从二里头遗址发掘现场遗址坑的布局形式中汲取的灵感，将交通与环境要素穿插其中（图2-9）。

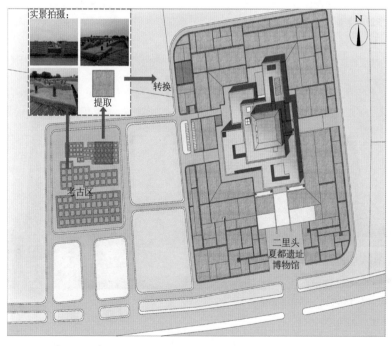

图2-9　二里头夏都遗址博物馆总平面图（邢素平　改绘）

院落空间在中国传统建筑文化中样式繁多，其中合院是最能体现中国院落空间的形式，合院不仅具有良好的功能性，更是中华民族家族观、生活习惯与生活方式的缩影。三合或四合的围合、半围合院落使建筑和环境充分融合，合院空间还表现出具有逻辑性的空间秩序、空间形态和尺度感。

　　我国幅员辽阔，各地区的民居院落格局差别较大，体现出各自的地域性特征。我们当代建筑设计在学习院落空间布局模式时，应考虑到地域性特点。

　　云南省博物馆位于云南省昆明市，与云南大剧院相望，都是昆明市新地标建筑。博物馆占地面积10公顷，建筑面积约6.05万平方米，主体建筑地面5层，地下2层。该建筑的空间设计理念取自云南传统民居建筑"一颗印"，建筑室内空间布局遵照"一颗印"民居建筑中轴对称、围合空间、天井居中、竖向交通两侧对称的空间原则。同时，建筑外观营造红铜金属材质的效果，呼应云南"有色金属王国"的称号；立面上贯穿多层的狭长细缝造型喻义"石林"（图2-10）。

a）云南省博物馆侧门（毕昕　拍摄）

图2-10　云南省博物馆

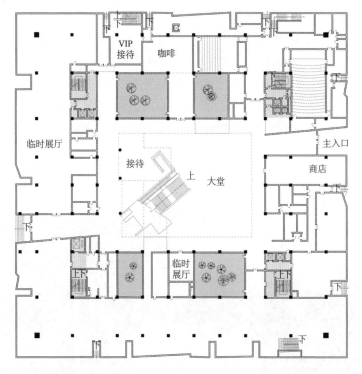

■垂直交通 ■庭院空间

b）云南省博物馆平面（祁锦兵 绘制）

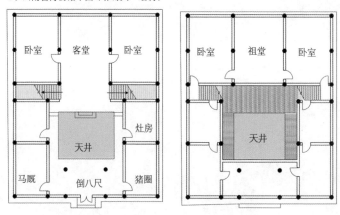

c）一颗印民居平面示意图

图2-10 云南省博物馆（续）

不止古典建筑或传统建筑具有文化性，能够反映其所处时代特征的建筑就是时代建筑，表现出的特征就是时代的文化特征，近现代不同历史时期也都有反映其时代特征的建筑。位于成都的西村·贝森大院为东西长237米、南北长178米的完整街坊，四面临街，住宅环绕，建筑空间以中华人民共和国建国初期计划经济时期单位制集体住宅大院为原型，在公共区域植入具有交流功能的空间，增加人们在大院中交流的可能性，从而引导出人与人之间亲密的交流关系，将人们带回曾经的集体记忆中（图2-11）。

图2-11　西村·贝森大院院内空间（毕昕　拍摄）

2. 形态模拟

在建筑语言中，形态模拟是以某种具体的形象作为设计构思的起点，设计者对相关知识与信息进行过滤与筛选，继而对形象进行重构与物化。建筑文化中，形态模拟的对象有两种：建筑物（构筑物）和建筑构件，模仿方式有三种：具象模仿、意向描述和抽象表达。

具象模仿是直接复刻或还原传统建筑的原有形态，在当代建筑设计中，一般使用现代工艺和建造技术来进行形式上的复制。意向描述是对具体形态进行提炼、加工，进而生成一种概念性的形态，使其失去具体的常态形式，但却保留了形态或结构特征，具有明显的识别性。抽象表达是从众多要素中抽取出共同的、本质性的特征着重表达，而舍弃其非本质特征的过程。

上海世博会中国馆在进行设计时对中国传统建筑构件斗拱进行了模仿（图2-12）。斗拱是我国传统建筑木构架结构中最具代表性的构件之一，早在战国时期就已出现过斗拱，因其历史悠久、特征鲜明，常被作为中国古典建筑的符号象征。上海世博会中国馆将该建筑符号进行形式转译，从其原有的构件形态中提炼出建筑形体，融入博览会展馆所需功能，用强烈的形式语言致敬中国传统建筑文化，具有极强的象征意义，体现出建筑文化的传承。上海世博会中国馆对建筑文化的传承体现在以下几个方面：结构形态传承、色彩传承和符号传承，上海世博会中国馆的整体建筑比例关系、外立面结构构件的搭接方式都符合传统建筑中斗拱的形式和结构逻辑；建筑外观与室内色彩也都选用具有特定含义的中国红；建筑细部注重传统纹饰的刻画，丰富细节中的传统元素（图2-13，图2-14）。

图2-12　上海世博会中国馆（毕昕　拍摄）

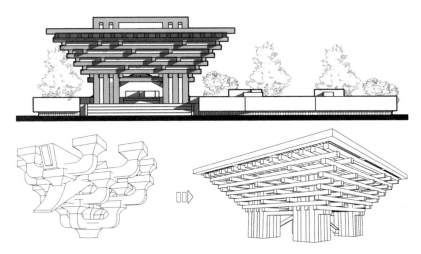

图2-13 上海世博会中国馆立面图与形态分析（祁锦兵 绘制）

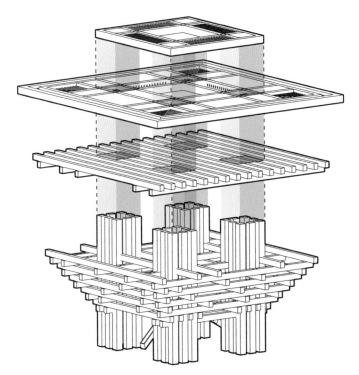

图2-14 上海世博会中国馆构造分析图（祁锦兵 绘制）

3. 符号提取与工艺传承

符号提取和形态模拟一样，都是非常具体和直观的传承方式，从建筑对象的外观就能直接看出对传统建筑文化的致敬。而工艺传承与空间建构更多体现在对于传统建筑文化内涵的表达。

二里头夏都遗址博物馆在设计上处处显示出现代与古代的"对话"（图 2-15），从总体形象、建筑细部、室外环境设计和建筑材料应用等方面都能看

图2-15　河南二里头夏都遗址博物馆室内空间（毕昕　拍摄）

到从传统建筑文化中提取出的符号。从空中俯瞰，博物馆像一把巨大的钥匙，喻义二里头文化是开启中华文明的密钥。博物馆整体形象就像一条盘龙，最高处的中央大厅是方形的龙头，盘龙作为博物馆的形象概念，展现了二里头在中国历史研究中的地位。在建筑细部处理上也体现出鲜明的文化寓意，例如博物馆的入口设计的绿松石龙纹饰。在建筑材料的选择上，应用现代材料模仿河南地区典型的夯土墙肌理，形成古代与现代的对比。

景德镇御窑博物馆位于景德镇历史街区的中心，毗邻明清御窑遗址，建筑由八个大小不一、体量各异的双曲面拱体结构组成，沿南北方向布置，以谦逊的态度和恰当的尺度融入复杂的地段中。拱体结构的尺度接近周边传统的柴窑，也在大尺度厂房、住宅楼和传统民居之间做了良好的过渡。同时，长短不一的拱体结构巧妙地和周边参差不齐的地段边界结合在一起。御窑博物馆建筑的结构形式源自景德镇地区传统柴窑的建造工艺，它不是简单的几何拱形，而是复杂的双曲面，具有强烈的东方拱券的特征。工匠们不用脚手架，而是利用砖的收分错位、借助重力完成对它的建造。如果你仔细观察、研究双曲面拱体的建造过程（工匠们称之为"挛窑"），你会惊奇地发现，工匠们巧妙地将近似蛋壳状的、极为复杂的双曲面沿长轴方向进行无数次横向切割（切割的厚度恰恰是窑砖的厚度），将其切割成无数个单曲面，匠人们借助手指来控制每一个单曲面的收分错位，从而完成整个双曲面的建造（图2-16）。

图2-16 景德镇御窑博物馆

2.3 民俗文化

2.3.1 民俗文化的概念与内涵

民俗文化是在民众中传承的、与生产生活密切相关的文化，是在长期历史发展过程中形成的生产生活经验，许多内容是在特定的自然生态环境中形成的，是人们协调"人—社会—自然"关系的经验总结，其中蕴含着丰富、深刻的民族智慧。建筑设计最终要落实为服务民众的实践，研究传统民俗的内涵，发掘、转译和传承民俗文化在当代建筑设计中是非常必要的。

民俗可被定义为一个民族或社会群体内大部分人认同的生活方式或习惯，具有相对稳定的文化事项，民俗的意义在于记忆、建构或相互交流人们的生活文化。任何一项民俗都具有历史的、物质的、身体的、社会的和精神的维度，并包含主体、行为、过程和意义四个要素。我国自古就有以节日欢庆五谷丰登、期盼国泰民安的民俗传统，如中秋节、春节等。这类民俗反映了人们的劳动观念，致敬劳动、祈福生活是其重要的价值旨归。

民俗用事物反映着人们生产、生活、风景、习俗的片段和精华，表达了人们对生活点滴的真情实感、对真善美的渴望赞美、对假恶丑的讽刺批评。它用物质承载抽象的情感，在民间生根发芽、被生活滋养长大，具有广泛的普及性和卓越的审美价值。小到一个村落代代传唱的民谣，大到一个国家固有文化中的精华，都可以被称为民俗。

民俗在生活中由一些常见而具体的物品呈现出来，而这些物品也反映出一个地区的人们所特有的生活日常。这些物品可以是服饰、工艺品、日常工具，甚至是建筑。全球化的今天社会高速发展，但也从另一个侧面抹掉了很多优秀的民俗。曾经的民族服饰、民间工艺等都被同质化的通用物件所取代。建筑设计对民俗文化的挖掘，可以帮大家从建筑视角留存这些记忆。

1. 民俗文化的产生

民俗文化产生于民间，并且广为流传，受不同地域、文化的影响，展现出不同的特征。它存在于人们日常生活的一系列活动中，随着人们参与，逐渐流传下来，包括节日民俗，社会及人生礼俗等方面的民俗活动。

2. 民俗文化的主要特点

（1）稳定性　任何一个国家、地区和民族的民俗都是在长期的生产实践和社会生活中逐渐形成并世代相传的，是一种较为稳定的文化事项，其形成原因多种多样，包括特定时期的生产力和科技水平、不断变迁的自然环境以及特定的政治文化氛围等。民俗既不会在短期内快速地产生，也不会随着岁月流逝而迅速消亡，其发展和人类社会相关，由生活在社会中的人代代传承延续下去。

（2）社会性　民俗顾名思义是民间习俗、百姓约定俗成的风气。民俗渗透在人们生产生活的各个方面，为整个社会中的人们所共享。民俗是人类社会的产物，没有人类就不会有民俗，离开了人，民俗也将不复存在。另外，民俗是各民族在社会发展过程中保持存续的文化基因，因此具有深刻的社会性和群众性。

民俗的应用："百里不同风，千里不同俗"体现了在中国地域辽阔，各个地方的风俗因地而异的特点，各地民俗受地理位置、气候环境、语言声音、生活习惯等因素的影响，经过长期的历史沉淀，已渗透进我们生活的方方面面，人们在潜移默化中受到熏陶影响，并应用在生活的方方面面。传统建筑的营造手法、结构应用、材料使用、装饰纹案均反映了一定时期的民俗文化。

生活中体现的民俗文化：衣食住行处处都能体现民俗文化的特点，各个地方的方言、饮食习惯、民族服饰、居住建筑等都大相径庭。我们在日常生活中所遵循的一些传统习惯无一不体现着民俗文化的内涵。

在进行建筑设计时，将民俗内容应用于建筑外形设计中，会给建筑带来朴素的亲切感。鄂尔多斯大剧院位于鄂尔多斯市康巴什区，建筑主体由剧场、音乐厅和公共区域三部分组成，该建筑于2009年建成并投入使用。建筑主要包括1408座综合剧场1个、716座音乐厅一个、126座和169座数字电影厅各一个，以及餐饮、住宿、娱乐、购物等附属服务设施。建筑高度43.28米，由两个圆柱体建筑单体组合而成，大圆柱的平面直径约100米，小圆柱的平面直径约46米。两个圆柱体建筑分别为大剧院的剧场与音乐厅，圆柱体外形与立面纹饰均模仿了鄂尔多斯地区蒙古族妇女的头戴造型，体现出蒙古族的民族特点（图2-17）。这种建筑对民族服饰的隐喻，体现出对民俗文化的尊重。

图2-17　鄂尔多斯大剧院（毕昕　拍摄）

2.3.2　建筑所体现的民俗文化

从古至今，民俗文化一直都对建筑的演变有着很大的影响。各种流派建筑的形成都离不开民俗文化。将民俗文化融入建筑中的方式主要包括：融入当地的环境、色彩的应用、装饰的应用、寓意风俗四个方面。民俗文化不仅在传统建筑的演变中发挥着巨大的作用，现代建筑也可以结合民俗文化来展现它特有的风格。

1. 汲取民俗文化的意义

民俗作为我国民族文化的根源，是民族的根本。汲取民俗文化符号应用在日常的生活中，既美化了人们的物质空间，又丰富了人们的精神生活，还反映了时代精神和地域文化特征，对于人们的价值观、道德观、审美、社会心理等方面都有着一定影响，是自身发展的需求也是社会发展的需求。将保留下来的传统文化运用到建筑设计中，不仅是对文化的传承，也是文化与现实生活联系密切的表现。

2. 如何汲取民俗文化

随着非物质文化遗产保护的兴盛，民间技艺、民间美术、民间舞蹈、民间音乐、民间文学等民俗艺术受到越来越多的关注，高妙的艺术性和人文性的结合，对增进民俗文化的理解、欣赏民间艺术的风韵、养育向美而生的价值取向都有积极意义。在汲取民俗文化的同时也要注意以下几个方面，提升借鉴价值。

（1）取其精华，去其糟粕　汲取民俗文化，是用人民群众喜闻乐见的传统艺术形式表现淳朴民风，应汲取其中精华的部分，摒弃其中腐朽的区分，而不是全盘接受丝毫未变，也不是全盘否定截然不同。因此我们在尊重传统民俗文化的基础上，要有选择地吸收和创造性地综合，用历史和科学的观点来考察民俗文化，切实把握和深入理解其本质内容，弘扬优秀的传统文化，并在新的历史条件下，根据现代化的基本精神理念，进行合理吸收、改造、发展和创新。

（2）古为今用，与时俱进　民俗的发展和传承贵在与时俱进，在"古为今用"的基础上，用开放的眼光、战略的眼光进行创新，将古老手艺与现代科技相结合。因为民俗既有历史传承性，又有时代变异性，所以在建筑设计过程中可以尝试不断将其与前沿技术、新型材料相结合，以期实现创新。

（3）交流循环，感知发扬　吸收和发扬民俗文化时，不可忽视都市社会民俗和乡村社会民俗的交流和循环，以及外来社会民俗对本土社会民俗的冲击和渗透。文化在传播中互相借鉴、融合是一个持续而缓慢的过程，在这个过程中要善于感知、发扬内在、关注外来，才能让地域性民俗的发展不过于受限制。

（4）适应环境，融入生态　继承传统民俗时应注意传统民俗与自然生态环境的协调方式，纠正现代生产生活中日益脱离自然生态环境的偏向，继承"建筑—环境—人"的协调理念，将建筑设计融入自然生态环境当中，保持当地植树造林及庭院建设的优良传统。在城镇建设中合理规划建筑与绿地，注重植物的多样性、层次性，借鉴当地传统民居样式，发挥传统民居庭院、檐廊及厚墙设计与自然生态环境相协调的优势，提高传统民居及人自身对环境的适应能力。

（5）尊重敬畏，充分利用　传统民俗是在传统社会环境中形成的。当代社会环境、文化语境均较过去发生了根本变化，因此要对传统民俗进行升华，使其适应当代社会环境。集体活动如民间歌舞、戏曲表演、民间故事讲述等，是民众喜闻乐见的民俗活动，也是传统社会传承生产生活经验、技能、道德伦理观念的重要形式，应充分发挥这些民俗文化的作用。对于传统社会的自然崇拜及相关集体活动，一方面应从现代科学精神出发，去除其中迷信、不科学成分；另一方面又应肯定其中蕴含的敬畏自然、生命的内容，以及群体性仪式对于激发人们敬畏、感恩自然的情感的价值，将传统自然崇拜及集体活动转化为尊重自然、爱护生命的典礼。

2.3.3 基于民俗文化的建筑设计方法

来自于民间的民俗文化以两种状态存在。一种是实体的"物"，包括能反映地域特点的日常用品（生活用品、工艺品和艺术品）；另一种是"技艺"，看不到、摸不着，但却携带着民间智慧在一个地区广为流传。

无论是实体的物还是非实体的技艺，都反映出一个地区的生活方式和地区文化（图2-18）。

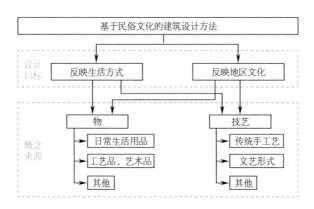

图2-18　基于民俗文化的建筑设计方法框图（毕昕　绘制）

1. 灵感源于民间器物

民间器物的种类有很多，人们的日常生活用品是其中最常见的一类，也是最能反映出一个地区人们日常生活状态和生活习惯的物件。作为文明古国之一，中国古代人们对于日常生活用品也有一定的艺术追求，许多日常的陶器、木器和瓷都有很高的艺术价值。

广东省博物馆位于广东省广州市天河区珠江东路2号，广州新城市中轴线旁，2010年建成使用，总面积7.7万平方米，是广东省省级综合博物馆，也是国家一级博物馆，建筑展陈空间包括历史馆、自然馆、艺术馆和临展馆四大部分。

建筑设计灵感来源于民间手工艺品漆盒、象牙球，这些都是中国古代传统的民间工艺品，漆盒用于盛放珍贵的小物件，体现了民间工匠的智慧。博物馆恰为存放各种珍宝、文物的"容器"，建筑师取此喻义，以象牙球和漆盒作为设计原型，将博物馆设计成一个规整四方体，表面模仿漆色，做"不规则"挖空处理，仿造象牙球等民间镂空雕刻的通透感（图2-19~图2-21）。

a）象牙球　　　　　　　　　　　　b）中国古典漆盒

图2-19　广东省博物馆设计意向来源

图2-20　广东省博物馆（毕昕　拍摄）

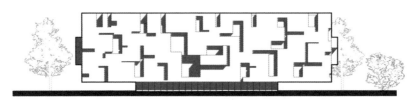

图2-21 广东省博物馆立面图（祁锦兵 绘制）

2. 源于民间技艺

日常物件的形式和功能体现了民间技艺的智慧和内涵。编织是各国民间都十分常见的一种手工技法，一般采用柔性的自然材料制作成可以盛放物体的容器。编织容器能形成空间，"编织"建筑也能创造出建筑空间。柔性的材料无论在自然界中还是工厂中都是常见材料，利用柔性材料编织空间也是建筑设计的一种手段。同时，民间的编织技法也给予了建筑设计更多的民间元素。Ferrum1办公大楼位于圣彼得堡，钢结构与玻璃幕墙组合而成的建筑立面充满现代感。建筑立面上的钢结构表皮采用线性正交排列，相互交叠在一起，形成了独特的编织肌理，恰如当地常见的民间草篮，给现代街区带来朴素的民族特征（图2-22）。

图2-22 外立面编织机理案例：Ferrum1办公大楼

越南维达纳餐厅作为维达纳度假村总体规划的一部分，是该度假村的核心建筑。建筑置于水面之上，由越南著名建筑师武重义设计建造而成，作为越南当代著名的低技派建筑师，武重义十分注重建筑的地域性表达，他擅长将越南当地的材料和当地的手工工艺与现代建筑手法相结合。维达纳餐厅整体材料采用东南亚地区十分常见的竹子，使用越南当地特有的竹子，编制工艺结合捆扎等建筑节点做法，创造出具有一定跨度、围护结构遮光、通风效果良好的"竹编织"公共建筑（图2-23、图2-24）。

a）建筑的半室外空间与外观

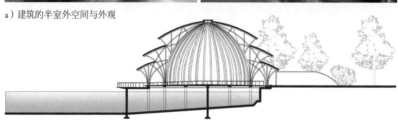

b）建筑剖面（祁锦兵 绘制）

c）建筑环境分析（祁锦兵 绘制）

图2-23 维达纳餐厅

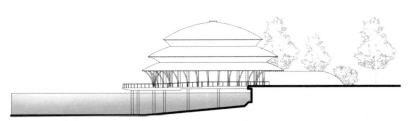

a）维达纳餐厅立面图

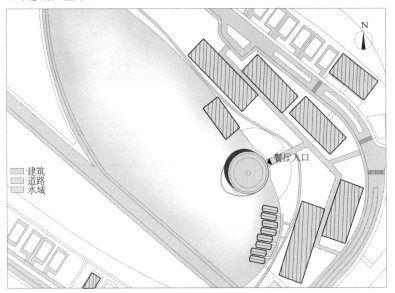

建筑
道路
水域

餐厅入口

b）维达纳餐厅总平面图

图2-24　维达纳餐厅立面图及总平面图（祁锦兵　绘制）

来源三 **行为**

　　建筑行为学（又称行为建筑学）是研究人的行为模式和建筑环境的关系的一门学科。该学科旨在总结出一套基于人的行为规律，能理性指导建筑设计的方法。建筑行为学的研究范围很广，包括空间、人的行为、建筑环境之间的联系（图3-1）。

　　人的行为有很多分类方式，可以将其分为生理行为和心理行为；有意识行为和无意识行为等。生理行为是人为满足具体目的及渴望而发生的活动，是人内心需求的外在体现，人在空间中的生理行为具有明确的目标性和方向性，生理行为是可观察、可度量的。建筑空间中的生理行为包括很多属性：流线、幅度、强度等，这些行为特征与建筑空间属性相互影响。

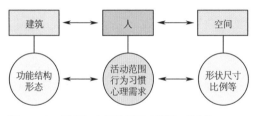

图3-1　人、建筑与空间关系图（毕昕　绘制）

心理行为特指表象下人的心理活动。生理行为和心理行为可以是有意识的，也可以是无意识的，建筑设计应同时兼顾有意识和无意识的各种行为。

本章将从人体尺度、行为习惯和心理感受三个方面入手探讨基于生理行为和心理行为的建筑设计概念与方法，由点及面地阐明各类行为对建筑的影响，还要探讨特定人群的特殊行为规律对建筑设计的影响。例如，基于幼儿心理与生理需求的幼儿园设计；基于老年群体行为规律的建筑适老化设计等。

3.1　人体尺度

3.1.1　人的活动与人体尺度

1. 人是建筑与空间的创造者

建筑和人有着极其密切的关系，建筑是供人使用的，也是由人建造的。现代城市的城市空间、城市肌理、空间产业分布等是由规划师规划设计而成的，建筑的形态、空间关系、功能流线等则是由建筑师根据使用者的需求设计出来的（图3-2）。

图3-2　正在绘图的建筑师赖特

2. 人是建筑与空间的使用者

人建造空间，给人提供了活动场所。人在空间中的活动多种多样，可以分为动态的和静态的。参与活动的人员数量、活动频率和活动范围共同构成了活动强度。动态活动的活动强度大，而静态活动的活动强度较小（图3-3）。

动态活动具有方向性，不同的人有不同的活动频率和幅度，所占用的空间范围也不相同。静态活动则相反，人们一般会在一定的时间内保持较为固定的躯体姿态，活动幅度较小，频率低且活动范围相对固定。

空间的属性有很多，其中对人的活动约束性最强的因素是空间的体积。空间的平面尺寸和竖向高度尺寸共同构成了空间的体积。空间体积越大，人的活动范围越大，能容纳的人的活动幅度和频率也就越大；反之，较小的空间体积只能满足较小强度的人员活动（图3-4）。

图3-3、图3-4所反映的是人员数量与活动强度、活动幅度之间的关系，以及空间尺寸与活动强度之间的关系：活动的频率和幅度越大，人员数量越多，活动强度越大。活动的强度越大，所需要的空间体积也越大。

人的外貌特征、动作特征等因素也会影响建筑的空间设计，应综合考虑空间、空间中的各种物品（家具、景观、装置等）和人的关系，进而达到人与空间的和谐。

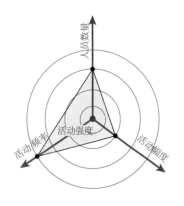

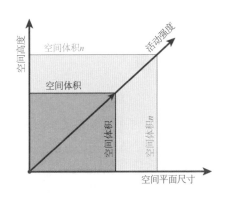

图3-3 活动强度关联因素图（毕昕绘制）

图3-4 建筑空间尺寸与人员活动强度关系（毕昕 绘制）

空间的平面面积由平面各部分的尺寸所决定（长、宽、半径等），平面尺寸与空间高度共同构成空间比例。人体在不同的活动状态下需要不同的空间比例关系（图3-5）。不同功能的建筑空间有各自固定的活动内容，例如，卧室主要用于睡眠和少量的阅读等静态活动；客厅主要是人们交流、休闲和进行家庭活动的场所；运动馆则是大幅度、高强度活动的场所。掌握这些人体活动的空间需求，构建与行为相匹配的空间比例，可使空间更好地适应人的需求，提升空间合理性（图3-6）。

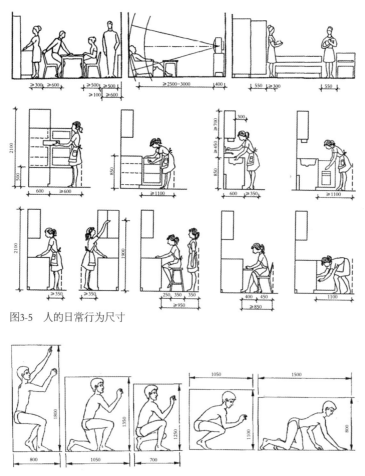

图3-5　人的日常行为尺寸

图3-6　人体各种常见行为的尺寸

图3-7是一组位于美国加利福尼亚州的艺术小品，设计中的每个细节都体现出对于人的各种行为姿态（立、坐、卧）的适用性。

图3-7　美国加利福尼亚州的一组艺术小品

　　漂浮在水面上的桑拿房是瑞士洛桑艺术设计大学的学生实验，这座以瑞士花旗松为主要材料建造而成的建筑是一座单坡屋面的微型水上建筑。位于桑拿房内部的人持续保持静态的坐姿，因此室内局部建筑高度低于人体站立高度，建筑面积也仅能满足几个人的并排而坐。这样完全基于人体固定尺寸的设计在节约了建筑材料和施工成本的同时，从空间氛围上与空旷、开阔的水面形成鲜明对比（图3-8、图3-9）。

图3-8　漂浮在水面上的桑拿房（王郅尊　绘制）

图3-9　瑞士漂浮桑拿房

3.1.2　建筑中的尺度

1. 尺度的概念

建筑空间比例是各组成部分尺寸关系之比，而尺度所研究的是建筑物的整体或局部给人感觉上的大小印象和其真实大小之间的关系。尺度是相对的、有参照物的，不涉及具体的尺寸。

在建筑学中，尺度能使我们感知到建筑空间的大小。我们的视觉对于尺寸的丈量并不准确，常会被参照物的大小、空间自身的比例关系、色差等因素所误导，建筑师可以通过对这些要素的刻意控制创造出与真实尺寸不符的尺度感。

根据建筑空间的视觉尺度与真实尺寸之间的关系，可以将空间尺度分为以下三类：

1）真实尺度：空间尺度感与真实尺寸一致，建筑设计方法与要素能反映建筑的真实尺寸。

2）夸张尺度：空间尺度感大于空间真实尺寸，建筑设计方法与要素能将空间的视觉感受放大。

3）袖珍尺度：空间尺度感小于空间真实尺寸，建筑设计方法与要素能将空间的视觉感受缩小。

探讨尺度的差异，有助于通过对空间尺度要素的调节确定设计中的主次关系与排列次序。

2. 空间尺度的参照物

衡量建筑空间的尺度需要一个标准，这个标准一般是人们所熟悉的人或物，这就是建筑空间尺度的参照物。人是建筑的使用者，人的身体尺寸是我们最熟悉的尺寸，人们习惯将自身作为衡量建筑空间尺度的参照物。但很多建筑的尺寸过大，人体尺寸与之对比太过渺小，因此参照物并非仅限于人体，一切我们所熟悉的要素，甚至记忆中的固有印象都可以成为衡量建筑空间尺度的参照（图3-10）。

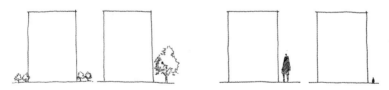

图3-10　通过环境元素和人来表达建筑尺度（毕昕　绘制）

（1）人　人最熟知的是自身的尺寸和比例，而且身高、体重在不同个体间的差异相对不大，因此人是较准确的尺度参照物。人体也是最早被用作衡量建筑尺度的工具，世界各国建筑史中都能看到以人体为参照的比例尺。从达·芬奇的维特鲁维人到柯布西耶的模度人，再到系统的人体工程学，各时期建筑师都以人体为参照进行了设计研究，这些深入的研究为后来建筑师的设计提供了理论支持。

建筑中每个构件的尺度都蕴含着与人体尺寸的关系，建筑主要空间构件的尺度是基于人的使用设计的，如图3-11所示，通过与人体的对比，建筑空间的宽度、高度被识别。因此，通过人体的参照，我们无需测量也能快速感知建筑各部分的尺度。对比其他参照要素，人体属于小尺寸参照物，人体和建筑的距离是判断建筑尺度准确与否的重要因素，和建筑越接近，人作为参照物的效果越明显，尤其是人在建筑空间内部时，参照性最强。

图3-11　以人为参照的空间尺度（邢素平拍摄）

（2）环境要素　建筑是环境的一部分，环境是建筑空间的延伸，建筑无法脱离环境，因此环境中的各种元素最容易成为衡量建筑尺度的天然标尺。如自然环境中的树、花草、石头等，我们对这些环境元素的尺寸早已形成固定印象，在衡量建筑尺度时，我们会下意识地将其作为参照物。

以上提到的是环境中的自然元素，环境中的人工元素同样是我们控制和衡量建筑尺度的参照，电线杆、汽车、路灯这些我们熟悉的人工元素，如果与建筑同时出现在我们的视野内，那它们也会成为我们衡量建筑尺度的参照。

3. 影响空间尺度的因素

（1）空间比例与形状　衡量空间尺度感的参照物有很多，所有有着固定尺寸且为我们所熟知的空间要素都可以作为尺度参照物（人、树、台阶、扶手、门等）。我们最了解的莫过于我们自己，因此人体自然成为我们最可靠的尺度参照物，人们也会不自觉地通过自身尺寸来丈量空间。

不同的空间形态和空间组织关系会给人不同的空间感受和尺度感，如图3-12所示，相同体积但形状不同的建筑空间会带给我们不同的空间尺度感。究其原因在于人的视域是有限的，因此人的视觉会对空间的尺寸产生误判。

图3-12中是体积相同的3个空间，当空间边界完整而规则时，人眼可以完整捕捉到空间边界，使空间显得小；而当空间被划分为若干小空间后，空间中的边界增加，空间显得更小。其他影响视觉判断空间尺寸的因素还包括颜色、光影、材质等。

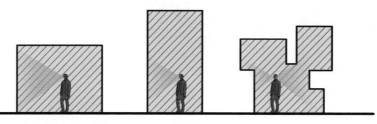

图3-12　等体积空间的不同尺度感（毕昕　绘制）

（2）色彩与肌理　色彩分为膨胀色与收缩色，膨胀与收缩就是不同颜色给人带来的尺度感的差别。色相与明度决定了色彩是膨胀色还是收缩色，相同形状下，黄色、橘红色、红色等暖色看起来比冷色要大，所以它们是膨胀色，而明度高的颜色也比明度低的颜色显得大。相同尺寸的物体，膨胀色的比收缩色的显大，膨胀色的建筑比收缩色的建筑给人的视觉感受更大。建筑师在进行创作时，可以调整建筑或建筑局部的色相、明度等元素，使其达到理想的尺度感。

在洛格罗尼奥的一个旧烟草厂中，设计师在两栋传统旧建筑的夹缝空间中设立了一个由热黏土砖制成的互动景观装置。场地两边是暖色调的传统建筑，空间被挤压为狭长的窄巷，空间的尽头通向一个巨大的红砖烟囱。设计师将原本狭长的空间分割为一系列3米×3米的几何形状的空间，这些空间向天空敞开。整个场地底部和空间界面都使用30厘米×30厘米的隔热黏土砖，这种色彩鲜明的材质可以使人们将其与工厂、烟囱等意象联系起来，同时赋予空间连续性，创造一种特殊的穿行体验。同时，具有膨胀感的砖红色在一定程度上拓宽了原有空间的尺度感（图3-13）。

图3-13　通往洛格罗尼奥巨大烟囱的走廊

　　建筑肌理是指建筑表皮的可见纹理或细节装饰，肌理按照形式构成分为点式、线式和网格式。点式是由小的、相对独立的形式单元构成的整体模式。点表示一个具体的位置，点的运动轨迹形成线，所以线式的肌理有运动的效果，线的起止方向也就是运动的方向，因此垂直向的线式肌理产生向上的运动感，水平向的线式肌理产生向两侧的运动感（图3-14）。垂直线式肌理的建筑在视觉上有向上的趋势，因此显得更加高大、修长，而水平肌理的建筑在视觉上则更显低矮、稳重。建筑师可以通过肌理的不同效果来调整建筑的尺度感（图3-15）。

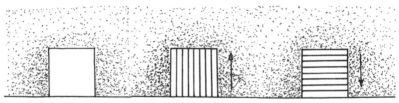

　　　a）无肌理立面　　　　　b）垂直向肌理　　　　　c）水平向肌理

图3-14　立面肌理的视觉效果

注：该图取自参考文献[3]。

图3-15 塔式建筑外立面上的竖向肌理（毕昕 拍摄）

3.1.3 基于人体尺度的建筑设计方法

　　基于人体尺度的建筑设计方法从操作层面被归纳为以下步骤：根据建筑功能，确定主要使用人群→明确主要使用人群的动态行为尺寸及静态行为尺寸→根据主要人群动态、静态行为尺寸建立相应的空间模型→整合空间尺寸模型，形成整体建筑空间组织关系（图3-16）。

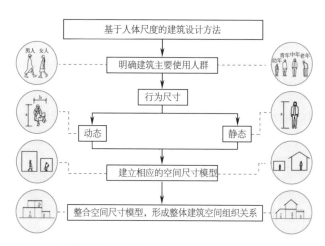

图3-16 基于人体尺度的建筑设计方法框图（毕昕 绘制）

1）根据建筑功能，确定主要使用人群：建筑之间的功能差异决定了其主要使用人群的不同。有些建筑拥有明确的、固定的使用人群，例如，中小学建筑的主要使用者是学生，敬老院主要服务于老年群体。有些建筑没有明确的使用人群，例如，所有人都有可能使用居住建筑和商业建筑，需要照顾到大部分人群的行为习惯及特征。还有些建筑虽然针对一类人群，但这类人群的特点不鲜明，例如，虽然博览建筑主要针对观展游客，但游客没有明确固定的体型或行为特征。

因此，基于人体尺度的建筑设计方法主要适用于拥有明确的、固定的使用人群的建筑：中小学、幼儿园、养老建筑（养老院、养老公寓等）、针对特定人群的宿舍（学生宿舍、青年公寓等）等。

2）明确主要使用人群的动态行为尺寸及静态行为尺寸：拥有明确的使用人群的建筑通常也会同时拥有其他使用人群，例如，幼儿园和中小学中有幼儿、学生、教师及其他服务管理人员，养老院中除老人以外还有相关的护理人员、管理人员、甚至医护人员。在此，可以以建筑主要的服务对象为目标人群，例如，幼儿园中幼儿是建筑的主要使用人群，养老院中老年人是主要服务对象。当然，也可将建筑中的多类人群都作为设计中的目标人群，在后续设计空间时考虑每个空间中具体使用人员的需求和行为习惯。

同时，明确所选目标人群的行为尺寸需求。人体行为尺寸包括动态和静态两种，站立、坐、卧等静态行为尺寸决定了建筑空间的基本尺寸；行走、跑、跳等动态行为尺寸的幅度较大，且活动范围不固定，在设计中需要根据主要人群的行为特征为动态尺寸留出余量。

3）根据主要人群动态、静态行为尺寸建立相应的空间模型：根据主要人群的动态、静态行为所需要的水平向空间尺寸和垂直向空间尺寸确定活动所需空间尺寸（平面尺寸和空间高度），建立相应的空间模型。

4）整合空间尺寸模型，形成整体建筑空间组织关系：结合建筑的功能、流线组织需求、相关规范及建筑场地现状，将生成的空间模型进行平面（水平向）和剖面（垂直向）整合，形成整体建筑空间。

图3-17展示的是1983年建成的，位于荷兰阿姆斯特丹的阿波罗学校的剖面图。建筑每个小空间（活动室、寝室及室内公共活动空间）、建筑构件（楼梯、栏杆扶手等）、家具等的尺寸和规格都根据学生的各类活动方式、幅度和范围进行设计，竖向交通两侧的楼层高度并不一致，缩短了两侧空间垂直方向的距离，利用可供坐卧的台阶和踏步进行连接，形成符合学生尺度的空间组织关系。

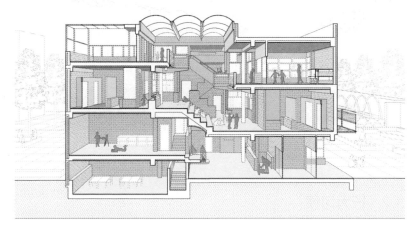

图3-17 阿波罗学校剖面图

注：该图取自参考文献[94]。

OB幼儿园和托儿所建于日本长崎里亚式海岸旁，幼儿园面向大海开放，场地面积2704.36平方米，建筑面积864.35平方米，建筑高度12米。建筑中的每处室内设计都充分考虑到幼儿的日常活动习惯，幼儿园内设置了多种活动场景：悬挂黑板和书架的双坡面小洞穴、细长的攀爬楼梯、连接屋面活动平台的攀爬绳索等。幼儿园内的生活设施同时兼顾幼儿及成年人（老师及其他服务人员）的使用需求，例如厨房操作间设置内外高差，内部的操作空间根据成人的身体尺度设计，而外部的幼儿空间则根据幼儿的身高尺度进行设计（图3-18）。

图3-18 OB幼儿园和托儿所

3.2 行为习惯

3.2.1 人的行为习惯

    广义上，行为是指有机体用以适应环境变化的各种身体反应的组合。行为在社会学中被定义为：人类或动物在生活中表现出来的生活态度及具体的生活方式，它是在一定的条件下，个人、动物或群体表现出来的基本特征，或对内外环境刺激所做出的能动反应。狭义上的行为被认为是举止行动，指受思想支配而表现出来的活动，如：做出动作，发出声音和做出反应。

1. 行为分类

    归纳总结上述对行为的表述，我们可以总结出人的"行为"是特指人在一定条件下受思想支配而产生的主观活动或应对外部刺激的能动反应。行为可以分为主观行为与非主观行为（也称客观行为）两类。主观行为是人通过主观意识控制而发起的行为；客观行为则是在下意识状态进行的行为。

人日常的行为包括身体行为（也称肢体行为）和心理行为，心理行为与感受的相关内容我们将在下一节中详细阐述，本节我们主要研究身体行为与建筑空间之间的关系，这里所说的行为也特指身体行为（肢体行为）。

2. 行为要素

构成身体行为的要素包括：行为的幅度、行为的速度、行为发生的时间、行为的节奏和行为的轨迹。这其中对空间影响最大的行为要素是行为的幅度和轨迹（图3-19）。

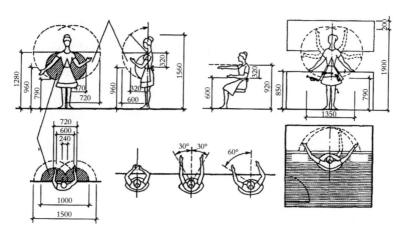

图3-19 人的生活行为幅度、半径与角度

3. 行为习惯

行为习惯是在一定时间内逐渐养成的、自动化的行为方式，它与人后天条件反射系统的建立有密切关系。行为习惯可以是有意识的主观行为，也可以是下意识的客观行为。

3.2.2　建筑空间中的特定行为

特定行为：人的任何行为，都是有原因促发的，而不是偶然自发的。从心理学的角度来看，不同个体的行为特征及态度等都有差异，加上不同个体的社会经历不同，对不同事务的感知不同，不同个体会对同一种刺激产生不同的反应，同一个体在不同的刺激下会产生不同的特定行为。

特定行为规律：组织行为学认为人的行为受思想和心理的支配，思想和心理是在长期的社会实践过程中逐步形成和发展的。不同个体在同一环境下产生的特定行为存在一定的规律，在同一刺激因素下对不同个体的反应进行观察记录，会得到特定的行为规律。

建筑中的特定行为取决于两个主要因素：空间中的特定人群和空间的特定功能。

一般建筑空间都有特定的使用人群，但空间使用者的范围相对较大，人的行为具有广泛性，大多不具备特殊性：居住建筑和一般性公共建筑（办公楼、学校、医院、文化建筑等）都需要适应大多数人的行为习惯和行为规律。而有些建筑从设计之初已经定位为只针对一小部分人使用，且这部分人具有一定的特殊行为要求和生理需求。

帕米欧结核病疗养院位于芬兰帕米欧市，建成于1933年，是现代主义建筑大师阿尔托的典型代表作（图3-20），这座疗养院的主要使用人群是具有传染性疾病、身体虚弱、需要护理的病患。同时，建筑中还有大量医护人员及行政办公人员，需要考虑病人和其他人员的通行流线和防护需求。

这座充满了对使用者人性化关怀的建筑，其名气甚至大于它所在的城市。疗养院包含多种功能，建筑分为四个体块：最南侧是七层病房楼、中部的L形体块包含诊疗空间及办公空间，最北侧的两个体块是辅助功能区。建筑中对病患的特定行为和生理需求的关注体现在设计的方方面面：建筑基于地势与当地风向的考虑，各部分交错呈树枝状分布，从而减少寒风对建筑长面的正向吹入，减少冷空气对病患呼吸系统的影响。南侧的A座是七层的病房楼，设有290个床位，每间病房安置两名患者。日光室位于病房楼东侧尽头，朝南且与

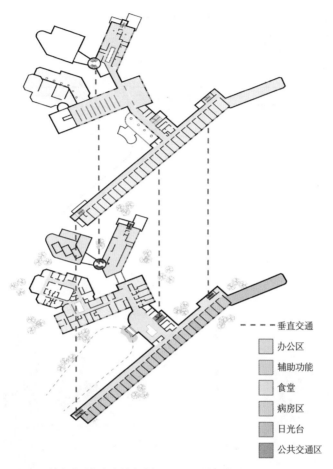

图3-20　帕米欧结核病疗养院分析图（王郅尊　绘制）

病房楼成一定角度，保证冬日有充足的阳光射入。病房楼的屋顶一侧设有屋顶平台，供病人休息，另一侧为屋顶花园。病房楼北侧是四层高的公共空间，设有行政办公室、医务室、手术室、餐厅、图书馆及公共用房，该区域与病房楼分设，有利于区域隔离，避免交叉感染。

帕米欧结核病疗养院不只在总体功能布局和空间安排上考虑到不同人群的特定行为需求，在建筑内部空间和建筑细部构造上也考虑周全：病房双层玻璃之间的连杆装置使内外玻璃窗可以上下交错开启，保温的同时有助于换气；衣柜底部悬空，方便定期进行清扫，保证室内整洁；二人合住病房的洗水池侧壁倾斜引流，减少水流声，避免相互干扰，保证病人的休息（图3-21、图3-22）。

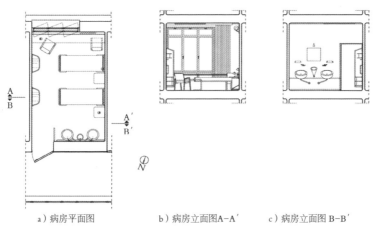

a）病房平面图   b）病房立面图A-A′   c）病房立面图 B-B′

图3-21 帕米欧结核病疗养院的病房平面图、立面图

图3-22 帕米欧结核病疗养院的人性化设计

空间的特定功能也导致了空间中的特性行为，进而影响空间属性。不同的工业加工车间在生产产品、工艺流程、应用设备、室内环境（温度、湿度、照度等）方面的差异使室内空间中的加工行为差异巨大，承载这些加工活动的室内空间属性自然也截然不同。

Arcwood木材工厂位于爱沙尼亚，产品主要包括层压木制品、CLT板材等各类再加工木制品。该建筑生产空间和办公空间逐渐融合，办公单元扮演了整栋工厂大楼的入口角色。整座建筑都由木材搭建而成，或外部做包木处理：主体结构使用的是层压木材，CLT木板主要用于墙体饰面（所有材料均由工厂自己生产）（图3-23）。工厂生产车间将木材与钢结构结合在一起，根据工艺流程和加工设备的尺寸要求进行大跨度和大层高设计，以满足特定的加工活动的需求（图3-24）。

图3-23　爱沙尼亚Arcwood木材工厂

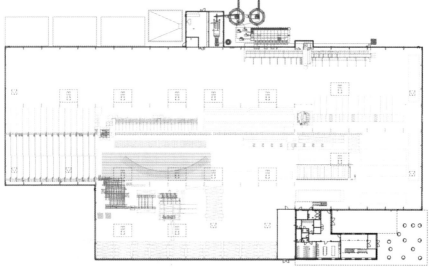

图3-24 爱沙尼亚Arcwood木材工厂室内场景与平面图

3.2.3 基于特定行为的建筑设计方法

当空间中主要使用者的行为是特定行为时，在进行设计时应当将特定行为特征及规律作为建筑设计的主导（运动馆需要考虑运动行为类型与特点，演出空间需要满足演员的演出需求，工厂生产车间需要考虑工人生产过程中的生产流程等）。决定特定行为特征的因素包括三个：参与行为的人群、人的行为规律和对行为的规范要求（图3-25）。

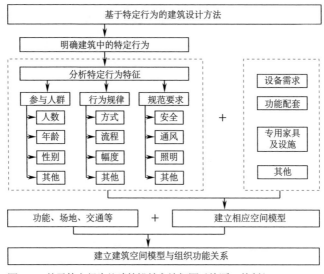

图3-25　基于特定行为的建筑设计方法框图（毕昕　绘制）

1）参与行为的人群：包括人群的人数及属性（性别、年龄等）。例如各类体育馆的设计要充分考虑该体育馆承担的体育项目，体育项目中运动员的数量及运动员的属性等因素。

2）人的行为规律：主要是人群的特定行为规律与特征。

3）对行为的规范要求：每种特定行为都有其特有的规范对行为进行指导或限制。例如工厂生产车间的生产工艺流程、运动项目的规则等。

特定行为伴随着对建筑空间及空间要素（包括建筑空间中的功能组织、建筑设备、专用家具等）的特殊要求。例如，剧场和演艺空间中，舞台需要满足各类表演行为对场地尺寸、演出设备的要求，声学、光学和观演视线等相关技术问题也需要考虑在内；工业建筑中，生产技术流程、生产行为以及生产设备运行过程中对场地环境的要求等都决定了工业建筑的空间特征。

2011年建成的格拉诺夫创意艺术中心包含了多种与艺术创作和艺术表演相

关的空间，每个空间都是根据具体功能和特定行为而设计的，因此建筑中的空间各不相同。录音空间封闭狭小，充分考虑隔声和音效；舞蹈训练厅高大宽敞，给予舞者开阔的舞蹈训练环境；演出厅采用典型的阶梯形设计，观演视线良好，同时与舞台和演出设备间相结合，给表演者和观众提供良好的使用体验（图3-26）。另外，对展厅、商店等配套空间也根据其功能需要进行合理的空间设计与总体布局。

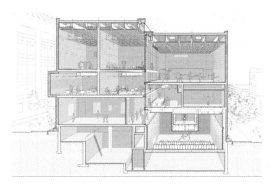

图3-26　格拉诺夫创意艺术中心剖面图

注：该图取自参考文献[94]。

　　"阿里扬斯1892"公司的酿造博物馆及仓库位于俄罗斯切尔尼亚霍夫斯克市，该建筑位于"阿里扬斯1892"白兰地酒厂内，是一座兼顾白兰地储存车间、博物馆和厂区入口的多功能建筑。该建筑内部主要的储存空间位于地下部分，进出货流线按照酒桶的尺寸设计，工作人员在建筑内部的工作流线也根据工作流程提前设计好，建筑中的实验室和其他辅助性用房被放置在储存空间上层，在竖向上拉开距离，交通流线分离（图3-27、图3-28）。

图3-27　"阿里扬斯1892"酿造博物馆及仓库

a）室内照片

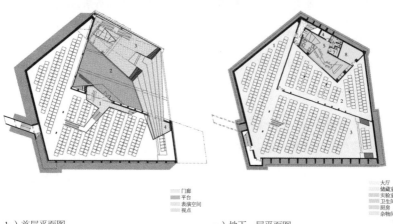

门廊
平台
表演空间
视点

大厅
储藏室
实验室
卫生间
厨房
杂物间

b）首层平面图　　　　　　　　　　c）地下一层平面图

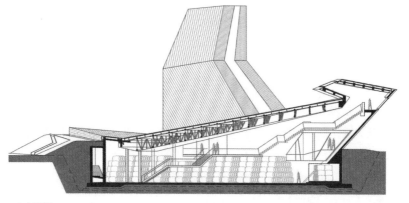

d）剖面图

图3-28　"阿里扬斯1892"酿造博物馆及仓库的室内空间（邢素平　改绘）

3.3 心理感受

3.3.1 人的心理感受及需求

心理感受激发人的情绪（心情）。人们的心理感受可以分为积极心理感受、中性心理感受和消极心理感受三类。积极心理感受带给人正向的心理刺激和愉悦的心情，积极心理感受也被称为正向心理；而消极心理感受带给人负面心理刺激，进而激发人的负面情绪；中性心理感受对人的情绪影响较小。

积极心理感受包括：喜悦、愉悦、放松、安心等。

中性心理感受包括：平静、宁静等。

消极心理感受包括：不安、压抑、紧张、恐惧等。

建筑师应设计令人愉悦的空间氛围，引导人的正面情绪，使用能给人积极心理感受的空间要素，而尽量避免使用产生消极心理感受的空间要素。

人作为空间的使用者，不同年龄的人对心理感受的需求不同，积极心理感受的影响因素在不同年龄的人群中也不同。生理影响心理，老人和儿童的生理机能较为脆弱，因此对于积极心理感受的需求也更加强烈。

3.3.2 空间要素对心理的影响

1. 色彩因素

人观察色彩时，会受到色彩的视觉刺激，产生对生活经验和熟悉事物的联想，这就是人的色彩心理感觉。不同的人拥有不同的生理条件、生活环境与人生阅历，因此相同的颜色给不同人群带来的心理感受也不尽相同，但其中也有被普遍认同的色彩形象（表3-1）。色彩给人的心理暗示有时是十分具体的，不同的色彩可以让人有不同的空间感、质量感和温度感。色彩甚至可能通过心理暗示进一步影响到人的生理（表3-2）。

表3-1　色彩的常见联想倾向

色彩	常见联想倾向
红	激情、热情、热烈、积极、喜悦、愤怒
橙	活泼、欢喜、爽朗、温和、浪漫、成熟
黄	愉快、健康、明朗、轻快、希望、明快、光明、神圣、威严
黄绿	安慰、休息、青春、鲜嫩
绿	安静、新鲜、安全、和平、年轻
青绿	深远、平静、凉爽、忧郁
青	沉静、冷静、冷漠、孤独、空旷
青紫	深奥、神秘、崇高、孤独
紫	庄严、不安、神秘、严肃、高贵、慈祥
白	纯洁、朴素、纯粹、清爽、冷酷
灰	平凡、中性、沉着、压抑
黑	黑暗、肃穆、阴森、忧郁、严峻、不安、压迫

表3-2　颜色的心理暗示效果和对生理的影响

颜色	心理暗示	对生理的影响
红色	使人兴奋，给人温暖感，积极向上	可使人血压升高，肌肉紧张，充满能量
橙色	同红色相似，增加紧张感	同红色相似，但稍弱
黄色	增加紧张感	刺激视觉和神经系统，减少疲劳
绿色	减轻精神压力，舒缓紧张情绪	降低血压，扩张毛细血管，还可以持续提高肌肉的收缩能力
天蓝色	使人平静	降低血压和肌肉紧张度，舒缓呼吸频率
蓝色	舒缓压力	帮助控制新陈代谢
紫色	融合了红色和蓝色的特性	融合了红色和蓝色的特性

2. 尺度因素

尺度是物体的形状、尺寸、比例等综合形体因素给人带来的感受。在建筑设计中，不同的尺度设计可以使建筑显现出或宏伟壮阔，或自然真实，或细腻精致的效果。按建筑尺度给人带来的心理感受，可以将尺度分为三类：宏大尺度、亲切尺度和真实尺度。宏大尺度的空间易于让人肃然起敬，用于具有一定纪念性或严肃意义的建筑；真实尺度和亲切尺度多用于给人关怀的场所空间。空间尺度给人带来的心理感受与空间的真实尺寸有关，也与空间的比例等因素有关。

宏大空间尺度：多用于标志性建筑物或构筑物，例如宫殿建筑、宗教建筑、军事建筑和司法建筑等，宏大的空间使人对空间产生距离感，彰显其威严与不可侵犯的形象。创造宏大的建筑尺度绝不仅是刻意放大所有建筑构件，或整体放大建筑比例，这样有时反而会适得其反。正确的构图手法是，将建筑的构成元素进行主次划分，主要空间构件做得宏大，次要部分按照正常尺寸制作，或略大于正常尺寸，主次之间产生对比，才能显现出建筑整体的宏大（图3-29）。

宏大的建筑尺度不仅体现在建筑外部形态，建筑内部空间同样可以营造出宏大感，具体设计方法包括以下几方面：①通高空间的设置；②室内空间彼此连通，采取通透的"柔性分割"（例如玻璃幕、植被绿化、低矮家居等）；③采用细高比例的承重结构（例如列柱等）。

图3-29　宏大尺度建筑案例：巴库的"日暮齐纳"咖啡厅设计

亲切空间尺度：与宏大空间相反，创造亲切的空间感受需要根据特定的环境或空间需求将建筑尺度缩放，是使视觉尺度感小于实际尺寸的尺度关系。创造建筑亲切空间尺度的方法有以下三种：

1）拆分建筑体量，分散式布局。将建筑体块进行合理拆分，分散布置，降低单个空间的高度和密度。

2）合理利用透明材料和反光材料。利用视线在界面上的穿透性使建筑内外空间产生视觉交互；利用反光材料的反射效果，将建筑与周围环境在视觉上融为一体（图3-30）。

图3-30　不同手法创造的亲切尺度建筑

3）建筑形式与周边环境和谐统一。同样是将建筑消隐在环境中的手法，让建筑与环境相互融合，创造心理上的亲切感。

真实尺度：真实尺度是指建筑空间给予人心理上的尺度感最接近建筑空间的真实尺度。具体操作手法包括以下两种：

1）设置"尺度标识物"，在建筑空间中加入便于人识别的尺度标识，标识物的尺寸是人们所熟悉的，例如台阶踏步、栏杆扶手、室外阳台的高度、砖、木、桌椅的尺寸等。人们习惯将熟悉的构件作为参照物，以此来识别空间的整体尺寸，准确的尺寸带来真实的尺度感。

运用尺度标识进行建筑设计时，需要注意两方面因素：建筑中的尺度标识必须按照真实尺寸设置；观察点要与建筑保持适当的距离，尽量保证建筑全貌与尺度标识均在视野范围内，方便对空间尺度进行"丈量"。

2）空间划分，对空间进行多次划分有助于识别真实尺度。空间的尺寸越大，越难与参照物进行比较，真实尺度也越难识别，应尽量将空间划分为便于识别的尺寸。真实空间尺度的形体划分要根据建筑结构与功能来进行，刻意、无序的装饰物反而会对人的视觉和心理产生干扰，影响人对建筑尺度的判断。

Sonata Housing是一座总建筑面积536平方米的联排式居住建筑，2018年建成，位于墨西哥。该建筑以人体和建筑构件作为参照，反映建筑的真实尺度。这座建筑将台阶踏步、栏杆扶手等建筑构件置于外立面上，这些建筑构件都有固定的尺寸要求，且为大家所熟知，通过这些建筑构件，人们可以清楚感知这座建筑的真实尺度（图3-31）。

图3-31　真实尺度建筑案例：Sonata Housing

3. 光影

光与影之间对立统一，有着不可分割的关系。光影是光线照射至物体时在物体表面的分布情况，光影帮助我们有效感知和观察几何形体，光影赋予人感性观察世界的能力，使我们视野中的所有物体都变得立体。

同时，光影对人视觉的刺激，也会对人的心理感受产生影响。达·芬奇曾说："阴影是黑暗，亮光则是光明，一欲隐蔽一切，一欲显示一切。它们总是与物体相随，总是相辅而行。阴影比光明更强，因为它阻碍光明，并且能完全剥夺物体的光明，而光明却无法把物体（指不透明物体）上的阴影彻底驱除。"

光照亮空间，使人可以识别空间的属性（形状、颜色、尺度等），同时光具有引导性，能够指引方向；而影作为光的暗面，将空间中的"真相"隐藏。因此，积极心理感受多与光和明亮相关：明朗、希望、明快、光明；而代表黑暗的影则与很多消极的心理感受联系在一起：阴森、忧郁、压迫、孤独。

太阳带给大地光明的同时还给予了我们温度，因此，光也代表了温度和暖意，给人热情、热烈、温和的感觉。而影则是对冰冷和阴暗的暗示，给人冷酷、冷漠、阴森、孤独的感觉。在空间设计中应较多引入光，尤其是自然光（阳光），带给空间温馨、温暖、热情、温和等正向心理感受，适合人与人的交流。而阴暗的空间则给人冰冷和孤独的心理暗示，适合人员独处。

在空间中可以穿插使用光影，利用光影反差给人带来更强烈的心理冲击。日本建筑师安藤忠雄被称为建筑光影魔术师，他善于利用光影变化，创造希望得到的空间感受。他设计的广尾教堂、光之教堂、联合国教科文组织总部冥想之庭这几座建筑都是在空间设计中以影为背景，利用挤压或纵向拉伸光源的手法为光塑形，将光"挤"入室内，由此产生强烈的引导性，同时，营造空间的神圣感（图3-32）。

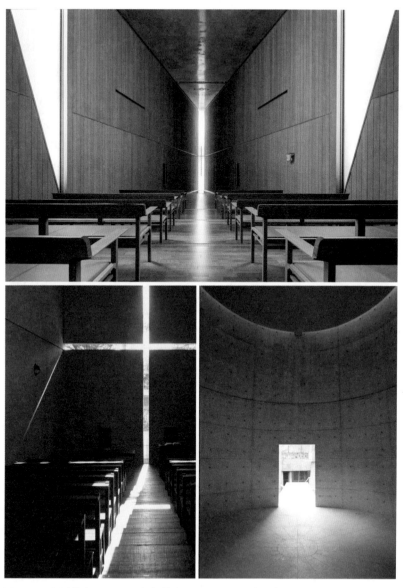

图3-32　广尾教堂（上）、光之教堂（左下）、联合国教科文组织总部冥想之庭
（右下）

4. 材料因素

人不仅可以通过视觉感知材料，也可以通过触觉来感知。材料在视觉上带给我们的心理感受主要通过其自身的色泽和纹理进行传达，而触觉使人感知材料的温度和质感，不同的温度和质感传达给人不同的心理感受。例如：冰冷、光滑的金属质感给人冷酷、冷漠、孤独、阴森、忧郁、不安、压迫和孤独的感觉；柔和、带有温度的木材质感给人安静、安全、平和、平静的感觉。

有些常用材料在我们的生活中无处不在，如木、石、砖、钢、塑料等，人们对这些材料的视觉和触觉属性都很熟悉，因此在接触这些材料时会本能地产生心理暗示。广尾教堂、光之教堂中，相似的窄缝光影效果作用于不同材质的墙体带给人不同的心理感受。

5. 其他因素

空间的形状、大小、位置等要素也能影响空间中人的心理感受。

形状：平直有角度的形状（矩形、三角形、梯形等）给人稳定、安全、整洁的感觉；圆润的曲面或自由形状（圆形、椭圆形等）给人自由、活泼、轻快、积极和不安的感觉。

大小和位置都是相对概念。在空间组成要素大小相近（或相同），位置有规律（对称、有韵律）的情况下，空间显得稳定、安全、平静、温和、朴实，有时还会呈现出一定程度上的庄严和肃穆，但相对显得乏味；当空间中的要素大小反差大，位置自由、无序、不固定时，空间显得新鲜、空旷、活泼。

位于美国亚利桑那州沙漠地带的McNeal 020沙漠展亭将场地周围的原始元素汇聚在一起，营造出一个可供体验的景观。设计师让沙漠的无垠与小体量的建筑形成对比、将正方形和直线延伸嵌入自然起伏的周边环境中，在不同大小和形状的对比中形成一种孤独且神秘的效果（图3-33）。

图3-33　McNeal 020沙漠展亭

3.3.3　基于心理感受的建筑设计方法

基于心理感受的建筑空间设计方法通过设计搭建空间要素属性与人心理感受之间的联系，包括以下三个操作步骤：

明确希望空间给人带来的心理感受→根据心理感受进行空间要素的选取→调整和组织相应的空间要素→完成空间设计（图3-34）。

空间要素主要包括色彩、尺度、光影、材料，还包括空间形状、细部装饰等其他要素。空间要素的不同属性会给人不同的心理感受（愉悦、积极、平静等）。

在选取空间要素时不要将所有要素进行堆积，应根据所要体现的空间效果有针对性地进行选择，简化并强化一两种空间要素，多要素的组合叠加会使每种空间要素的特点被削弱，甚至产生冲突。

成都建川博物馆聚落是一座包含多个博物馆建筑的集中性博物馆空间聚落，聚落中包括抗战、民俗、红色年代、抗震救灾等主题的场馆33座，这些博物馆、纪念馆承载着我国发展过程中曾经的记忆，利用建筑设计方法，将人们拉回到回忆当中。其中大量展现战斗主题的博物馆建筑在设计过程中都希望表达出压迫、恐惧、阴森和冷酷的氛围。具体操作方法有：利用光影和空间形状营造阴森感、冷酷感；利用密集排列的构件划分空间，营造压迫感与恐惧感；利用材料及空间尺度营造年代感。

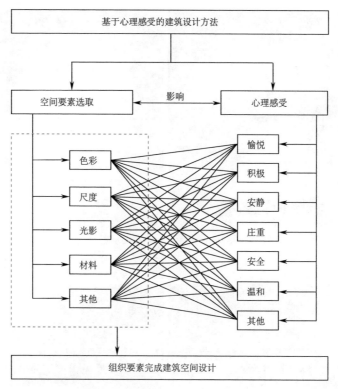

图3-34 基于心理感受的建筑设计方法（毕昕 绘制）

1. 利用光影和空间形状营造阴森感、冷酷感

成都建川博物馆聚落中的抗震救灾纪念馆、不屈战俘馆利用建筑室内光影营造沉重的氛围，室内大量的空间被遮蔽在阴影下，营造出冷酷、冷漠、阴森、严峻、孤独的空间氛围，空间中只在必要区域引入少量自然光与人造光，明与暗的反差使展品资料从阴影中突显出来。

两座博览建筑的室内都被划分成若干体量较小且不规则的空间，展示空间之间做视线的转折或阻隔，将人的行为和视线限制在一定范围内，进一步增加空间氛围上的压迫感（图3-35）。

图3-35 抗震救灾纪念馆与不屈战俘馆室内场景（毕昕 拍摄）

2. 利用密集排列的构件划分空间，营造压迫感与恐惧感

人面对密集排布的物体会产生恐惧感和压迫感，有些人甚至会存在"密集

恐惧症"，这是因为人脑的趋避效应会对密集物体产生负面联想和恐惧感。抗震救灾纪念馆与日本侵华罪行馆采用有严格秩序感的密集建筑构件进行空间划分及入口装饰，给人带来心理上的压迫感与恐惧感，与地震、侵华历史的压抑感相近（图3-36、图3-37）。

图3-36　5.12抗震救灾纪念馆入口（毕昕　拍摄）

图3-37　日本侵华罪行馆入口（毕昕　拍摄）

3. 利用材料及空间尺度营造年代感

如果一些建筑形式和材料在一定的历史时期常被使用，那这些材料就会成为属于这个时代的记忆，例如，青砖灰瓦在中国传统建筑中被广泛应用；红砖是我国建国初期被大量使用在各类建筑外立面上的材料，尤其以居住建筑和工业建筑居多。红色年代章钟印陈列馆中大量使用红砖元素，将参观者带入到当时的情境中，再让自然光透过高耸的屋顶洒进室内，象征着那个年代大家对生活充满希望的心理状态（图3-38）。

图3-38　红色年代章钟印陈列馆（毕昕　拍摄）

来源四　形态

　　关于形态的定义有很多。《建筑形态构成》一书对形态给出具体的定义：形态是由物体的功能属性、物理属性和社会属性所呈现出的一种质的界定和势态表情，是在一定条件下实物的表现形式和组成关系，包括形状和情态两个方面。有形必有态，态依附于形，两者不可分离。形态的研究包括两个方面，一方面指物形的识别性，另一方面指人对物态的心理感受。因此，对实物形态的认识既有客观存在的一面，又有主观认识的一面；既有逻辑规律，又有约定俗成。

　　形态是实物的基本属性，决定人对实物的认知。建筑作为实体构筑物，需要通过自身的形态来表述其形式逻辑。罗伯特·斯特恩说过：建筑师应该用浅显易懂的形态语言和独特的声音来倾诉。由此可见，创造形态是进行建筑设计的主要内容之一，能否处理好建筑形态是评判一座建筑的设计水平的重要条件。

形态生成的逻辑和方法有很多，有来源于古典美学理论的形态构成，有从自然形态中抽象、提取的仿生形态，有对几何形体进行的逻辑操作等。

本章将从自然仿生、形态构成和操作逻辑三方面入手，论述三种基于形态的建筑设计方法。自然仿生是从自然形中找寻灵感，或从自然形中得到抽象的建筑形；形态构成来源于古典美学的形态构成原则，利用可量化的系统，推敲建筑的形式逻辑；操作逻辑则是基于形体之间的组织关系进行形态推敲，进而生成相应的建筑造型的设计方法。

形态本身包含的要素有很多：有点、线、面、体等构成要素；也有形状、大小、色彩、肌理、位置和方向等属性要素。这些要素影响了建筑设计的方方面面，可以分为直接影响和间接影响。其中，对建筑美学和空间的影响是直接影响，对功能、场地、结构、人文和经济的影响是间接影响。

4.1　自然仿生

4.1.1　仿生的定义

仿生学这一概念最早是由美国的Jack E Steele提出的，1960年在美国俄亥俄州召开的首届仿生学研讨会标志着仿生学概念的正式诞生。仿生学（bionics）一词源于"生物学"（biology）与"电子学"（electronics）的组合，其目的是通过对自然界生命体的研究与模仿，研发出新的技术或理论，用以解决人类生产生活中遇到的难题。

仿生建筑（Biomimetic architecture）在建筑史上的地位并不主流，但却是当代建筑设计运动中的重要一员。仿生建筑研究生物的生理结构、行为等特征，并将这些特征作为建筑设计和表达的灵感来源。

在当代建筑发展过程中，无论是居住建筑、公共建筑还是工业建筑，从单体建筑设计到总体城市规划，都有仿生学的身影。根据应用方法的不同，仿生建筑可以分为：结构仿生、城市仿生、功能仿生以及形态仿生，其中形态仿生在建筑设计中最为常见。

4.1.2 仿生建筑的分类

仿生建筑对我们来说其实并不陌生，中国自古就有根据仿生学原理进行的建筑与规划活动，例如，通过模仿鸟类而发明"巢居"的生活模式，通过模仿牛的生理结构而规划的安徽宏村。

1. 结构仿生

传统的建筑结构包括网架结构、砌体结构、膜结构、悬索结构和木结构等，这些是在结构材料基础上的分类，每种结构的稳定性都是建立在符合材料属性基础上的。而仿生结构不以材料作为基础，为达到仿生的目标，不同的仿生形态会选取不同的材料。

仿生建筑结构以自然界中的分子结构、生物结构、薄壳结构、神经结构、器官结构等作为结构体系的灵感来源，利用仿生学原理，通过结构变化寻求对建筑形态的突破与创新。自然界中的结构外形大多为自然曲线，因此，仿生结构选用的材料以可塑性较强的金属、高分子材料等为主。

例如深圳湾体育中心的外壳结构就采用了结构仿生的设计方法。深圳湾体育中心位于深圳市南山后海中心区，该体育中心建成于2011年，占地面积30公顷，总建筑面积33.5万平方米，体育场观众席有2万个座位。体育中心包括"一场两馆"，呈东西向一字形布局，东西长约720米，南北宽约430米，场馆通过二层步行平台连接，被一个整体的金属网状屋顶所覆盖，形成一个整体。网状屋顶下的体育中心仿佛即将破茧而出，也象征着深圳这座城的蓬勃生机，"春茧"这个名字由此而来（图4-1）。

图4-1 深圳湾体育中心局部构造（毕昕 拍摄）

2. 城市仿生

索拉里在20世纪60年代主张把植物生态形象作为城市规划结构的原型，并取名仿生城市。这是一种城市集中主义理论，它利用一些巨型结构把城市各组成要素（如居住区、商业区、无害工业企业、街道、广场、公园绿地等）叠加进高密度的城市空间中，使城市机能像一个有机生命体一样高效运转，从而达到城市向心发展、追求环境效率的紧凑型人居模式。越南胡志明市市中心更新项目将商业设施、公共服务设施、广场、街道等都整合进绿地景观中，再将其插入高密度城市街区，达到"活化"城市中心的效果（图4-2）。

图4-2　越南胡志明市市中心更新项目

3. 功能仿生

综合性建筑是集多重功能于一体的综合性场所，设计师会在复杂的场所中根据功能需求划分若干个功能分区。这样的处理方式与生物的身体机能组织相类似，生物的各个器官都有其独立的功能和作用，共同完成生命体的各项生理机能。

建筑的功能仿生是根据这一原理，对各功能空间进行独立设置，并用串联或并联的方式将它们组织在一起，富有逻辑的空间组织使建筑成为一个有机的整体。

海峡文化艺术中心位于福州新区三江口片区，是一座集戏剧厅、歌剧院、音乐厅、艺术博物馆、影视中心等为一体的大型城市文化设施。该建筑的设计灵感来自福州市花茉莉花，整体造型如一朵盛开的纯白色茉莉花，建筑的各功能体块也转化为茉莉花花瓣的形态，形态与功能相统一。具体的功能分区为：五个花瓣分别为五座建筑单体，这五个单体被公共的中央大厅连接。其中，建筑A、B、C是三座主要的表演厅，建筑D为展厅，建筑E为影院（图4-3）。这样的主题形象设计也充分体现出建筑的地域性特点。

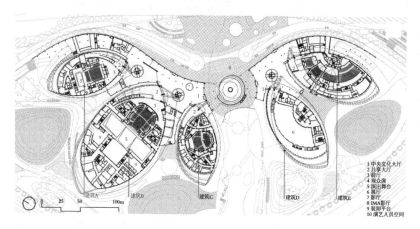

图4-3　海峡文化艺术中心首层平面图

注：该图取自参考文献[80]。

4. 形态仿生

自然形态是自然界中自然物的形象表达，人也是自然的一部分，因此，自然形态直接或者间接影响着人们的审美观念和创作思维。基于自然形态的建筑形态设计，是对天然状态下的自然形态所提供的信息进行观察、研究、推演，利用客观描述或形式演绎的手法探讨建筑形态与自然形态杂交的可能性、合理性和实际操作性。

海峡文化艺术中心除了对茉莉花的外形进行仿生外，还在材料和构造中体现着福建的本土特色：传统材料福建白瓷在建筑中大量应用，五座单体建筑主立面由5万多根176厘米长的白色陶瓷百叶组成，选用福建当地黏土烧制而成的无釉陶瓷，以现代工艺和创新性的手法赋予材料新生，运用在整个建筑的外表皮及最重要的室内演艺厅中。同时，室内空间也大量运用了陶瓷作为装饰材料，陶瓷特有的耐久性和声学性能在该建筑中得以充分利用。白瓷的使用不只是建筑材料的地域性表达，这种特殊材料所表现出的色泽和肌理与茉莉花的天然外观相契合，也是对茉莉花形态的仿生处理（图4-4）。

图4-4 海峡文化艺术中心

4.1.3 基于仿生的建筑设计方法

　　利用仿生进行建筑设计的方法有两种：直接仿生与间接仿生。直接仿生是指在设计中直接模仿自然界中的自然形态，包括自然物（山、石、水、气等）和生物（动物、植物、微生物等）。间接仿生是指通过设计，对自然界中的自然形态进行变形或抽象，使其不具有

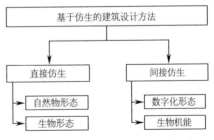

图4-5 仿生建筑设计方法（祁锦兵绘制）

原来的自然形，却隐含着自然形中的形式逻辑或生物机能（图4-5）。

1.直接仿生：对形态的模仿

　　（1）自然物形态　在自然物形态中寻找灵感的建筑案例有很多，其中，分别位于我国南北两地的"两块石头"不得不被提及，它们分别是位于内蒙古自治区鄂尔多斯市的鄂尔多斯博物馆和位于广东省广州市珠江岸边的广州大剧院。这两座建筑都是各自地区的地标性建筑，分别象征着草原和荒漠中矗立的巨石与珠江岸边的"砾石"。

鄂尔多斯博物馆是一座占地面积约2.78公顷，建筑面积4.12万平方米，集鄂尔多斯地区历史、文化藏品于一体，兼具陈列和研究功能的综合性博物馆。该建筑地下一层为停车场及其他辅助空间，地上有四层展厅空间，局部有八层办公空间。建筑外观为磐石造型，场地中做出起伏，整座建筑犹如草原和荒漠中矗立的巨石，建筑外立面为古铜色，体现着草原文明的沧桑（图4-6）。

a）鄂尔多斯博物馆正面　　　　　　b）鄂尔多斯博物馆侧面

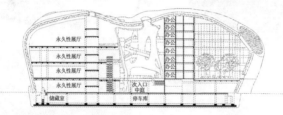

c）鄂尔多斯博物馆剖面图

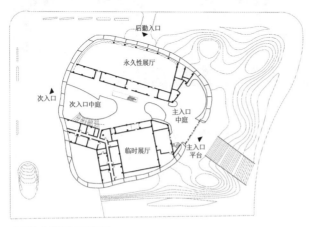

d）鄂尔多斯博物馆平面图

图4-6　鄂尔多斯博物馆（毕昕　拍摄；侯智松　描绘）

广州大剧院坐落于广州天河中央商务区，东毗广东省博物馆和广州图书馆，西邻美国驻广州总领事馆，南望珠江与海心沙，北靠广州国际金融中心，是广州新中轴线上的标志性建筑之一。大剧院由两个建筑单体组成，总占地面积4.2公顷，建筑面积7.3万平方米，建筑总高度43.1米，拥有歌剧厅、实验剧场、当代美术馆等艺术专馆和三个排练厅。广州大剧院的设计被称为"圆润双砾"，其主体建筑为黑白灰色调，这两块珠江边的"砾石"给线条生硬的城市天际线增加了自然柔和的天然元素（图4-7）。

图4-7 广州大剧院（毕昕 拍摄）

（2）生物形态 意大利瓜斯塔拉幼儿园的设计灵感源自著名童话《木偶奇遇记》。幼儿园的建筑还原了主人公匹诺曹在鲸鱼黑暗的腹中生活了两年的场景，形似鲸鱼腹腔的空间设计让孩子体会到步入童话的感觉。设计师根据生物的机体形态仿生设计了建筑空间，并赋予空间这样的隐喻：内部空间的弯曲线条和材料的温暖属性，在情感上唤起孩子对母体子宫的印象，给孩子带来安全感（图4-8）。

a）瓜斯塔拉幼儿园实景（一）

b）瓜斯塔拉幼儿园实景（二）

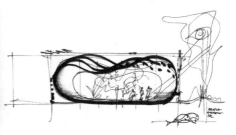

c）瓜斯塔拉幼儿园灵感来源和设计草图

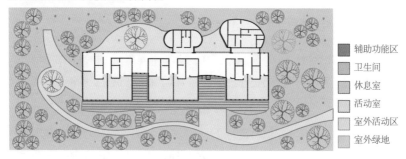

d）瓜斯塔拉幼儿园平面图（王郅尊 绘制）

图4-8 瓜斯塔拉幼儿园

2. 间接仿生：对自然规律的模仿

（1）数字化有机形态　自然界中的形大多是曲线，人工建造的形大部分是由直线构成。数字化有机形态是采用数字化技术手段，打破建筑物固有的平、直、方、正，创造与有机生物形态相似的柔和曲线。这是对生物整体外形或者局部表皮进行的数字化模仿设计。

前文提到的深圳湾体育中心，其外形设计就是依托数字化技术，将建筑塑造为曲面覆盖的"春茧"造形（图4-9）。

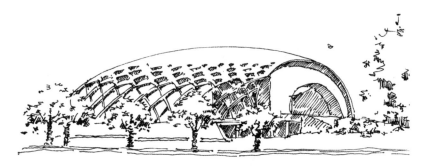

a）深圳湾体育中心手绘图

b）深圳湾体育中心实景图
图4-9　深圳湾体育中心（毕昕　绘制、拍摄）

（2）抽象生物机能　不是模仿生物外形，而是探究生物特有的活动方式和运动轨迹，将这些机能特征通过技术手段赋予建筑，通过这些特征体现出对生物的模仿。

2020年迪拜世博会阿联酋馆的设计灵感来源于翱翔的游隼，游隼是阿联酋的国鸟，阿联酋丰富的历史和文化中都有展现对游隼的崇拜。

2020年迪拜世博会阿联酋馆的建筑外形模仿了游隼的羽翼，外壳下安装自动液压机械杆，用以控制建筑屋顶羽毛的开合。机械自动化的应用使建筑外形具有动态可变性，使建筑的仿生效果进一步增强。同时，这样的可变性还可以调节来自建筑屋顶的自然光进光量和室内换气量，同时控制建筑外形和室内环境的变化（图4-10）。

图4-10　2020年迪拜世博会阿联酋馆

4.2 · 形态构成

形态构成是一种源自西方、拥有较长历史的传统建筑设计手法。"构成"的拉丁文是"Compositio"，英文为"Composition"。其字面原意均为组合、组成、联系，中文也翻译为构图和组合。"构成"手法最早源自绘画艺术，法国巴黎美术学院体系（布扎体系）将其引入建筑设计和建筑教育中，作为设计方法进行教授，并确立建筑设计"三分法"：构件、构图、画详图。于连·加代（Julien Guadet）在其《建筑要素与理论》一书中给予"构成"明确的定义：构成是将各组成部分组合，使之形成一个整体，构成整体的各部分本身成为构成要素。《建筑形态构成》中对形态构成的定义：形态构成是使用各种基本材料，将构成要素按照美的形式法则组成新的造型的过程。

我国的建筑设计和建筑教育中，关于形态构成的内容和设计方法受苏联影响较大。俄国自19世纪中期借鉴布扎体系的教学实践，开始进行"建筑构成"的相关探索研究，经历了斯特罗加诺夫学院对"构成"理论的探索，莫斯科罗斯绘画、雕塑与建筑学院在建筑设计、绘画与雕塑课程中对"构成"的教学探索。在构成主义运动的影响下，各院校建筑设计课程除利用点、线、面进行平面构成训练，还加入空间和立体造型的概念，发展出"空间构图理论"与"立体构图理论"。1952年我国首次全国高校院系调整期间，建筑教育模式和课程体系深度借鉴苏联模式，形态构成训练自此成为建筑教学中的重要组成部分。

4.2.1 形态构成原则与分类

1.形态构成的原则

形态构成是使用各种基本材料，将构成要素按照美的形式法则组成新的造型的过程。"美的形式法则"是建筑形态构成的基本原则。均衡、稳定、统一和变化是基本的美学原理与要求，建筑形态构成同样需要遵循这样的美学原理。

《建筑空间组合论》详细解释了建筑形式美的六个规律：几何形状求统一、主从与重点、均衡与稳定、对比与微差、韵律与节奏、比例与尺度。《形态构成解析》将建筑形式美的法则归纳为：对称、均衡、比例、节奏、对比、主从、层次、完整、多样统一。

综上，建筑形式美的规律与法则都指向了几个关键词：完整、统一、规则、逻辑、和谐。结合《建筑构图概论》归纳的建筑整体形式的规律，可以将建筑形态构成原则归纳为以下三个基本原则：

完整性与统一性：构成元素相互组织，形成完整（统一）的构图关系。

逻辑性与关联性：构建构成元素之间的逻辑关系，使元素之间具有关联性。

和谐性与协调性：元素间的组合主次分明、互相协调。

2. 形态构成的分类

形态构成可以分为二维的平面构成、三维的立体构成与建筑环境设计中特有的空间构成。

（1）平面构成　平面构成最早被应用于美术和艺术设计中，研究二维平面中，元素之间的构成方式和构成关系。平面构成不考虑各元素的透视关系和人眼观察带来的视觉变形。平面构成在建筑设计中的适用范围包括：建筑的平面设计；建筑物或者构筑物的各个立面设计或其他表现力强的立面设计；建筑物或构筑物局部或者节点的立面表达。

（2）立体构成　立体构成是对三维形体或由三维形体组成的立体形态进行构成研究。立体构成的研究内容包括：构成元素的体量、质量、色彩、光影等视觉属性和元素间的相互关系，观察者的视角在三维空间内可随意调节和不断变化。立体构成中的形体被看作是由表皮围合的封闭造型，形体的封闭状态不影响观察者思考、研究形体与周围环境间的关系。立体构成需要考虑透视关系对视觉的影响，因具有透视关系，光影和体量要素对立体构成的影响大于平面构成，而形状要素在立体构成中的表现没有平面构成准确。

（3）空间构成　空间是一个立体的范围，由处于这一范围内的所有实体的和虚空的元素组成。建筑空间特指由建筑界面围合而成的，具有一定功能，能承载使用者行为的场所。单个建筑空间就像建筑物的一个细胞，通过单个空间的相互组织形成了完整的建筑空间，这个组织过程就是空间构成。同时，每个单一空间也拥有各自的特征：空间的围合性、空间的容积、空间的尺寸、空间的比例、空间的尺度。

空间的围合性：围合是一种限定范围和空间的方式，用来区分内部和外部、他人与自己的空间。围合从形式上分为两种：围合性强的封闭空间、围合性弱的开放空间。

空间的容积：空间连续不断地包围着形体与物质，这个范围就是空间的容积。空间的容积可以是有限的，也可以是无限的。封闭空间是有限空间，拥有容积；开放空间没有固定的容积。

空间的尺寸：空间的尺寸是围合空间的界面尺寸，界面围合的空间尺寸由界面尺寸决定，有些空间是没有界面的（开放空间），或界面不全（半开放空间），因此空间可以分为"有尺寸的空间"和"无尺寸的空间"。

空间的比例：空间的比例只存在于有尺寸的空间中，空间与空间之间具有比例关系，空间各组成部分之间拥有比例关系，空间界面也拥有比例关系。根据空间各组成部分之间的比例关系，可以将空间分为以下4种：

等比例空间：高度、宽度、深度基本一致的空间。

深空间：深度远大于高度、宽度的空间。

宽空间：宽度远大于高度、深度的空间。

高空间：高度远大于宽度、深度的空间。

空间的尺度：不同空间受其构成手法、元素关系、元素属性、界面尺寸与比例等因素的影响，会给人带来不同的视觉尺度感。例如较少的空间元素使空间显得空旷，在视觉上形成空间尺度较大的效果；空间中较小参照物也能反衬出较大的空间效果；空间界面的不同色彩（膨胀色与收缩色）同样带给人不同的尺度感。

不同属性的单一空间组织在一起，共同构成完整的建筑空间。当构成建筑空间的单一空间较少时，整体空间与单一空间的属性较一致；当组成整体空间的单一空间较多时，整体空间可能呈现出不同的属性特点。

4.2.2　形态构成的基本元素

1. 基本元素

早在19世纪末、20世纪初，形态构成理论中就明确了点、线、面是基本的构成元素，康定斯基在其著作《点、线、面》和《康定斯基论点线面》中对点、线、面的几何学定义，在艺术设计中的作用、特征、相互关系以及相互间的构成方法进行了理论总结。

区别于纯艺术设计,建筑的结构特点具有建造的可实施性,因此,建筑形态构成元素具有较强的局限性。同时,为了创造合理、适用的建筑空间,建筑形态构成的范围拓展到了三维空间,形态构成基本元素也拓展为:点、线、面和体。

点是最基本的元素,没有长度和具体的形状、大小,只代表一个位置。点的移动形成了线,线是有方向的,线的形状由点的运动轨迹所决定,点沿平直轨迹运动就成为直线,沿曲折轨迹移动就成为折线或者曲线,因此线有三种形态:直线、折线和曲线。线的移动形成面,直线沿一个非自身方向直线移动形成平面,移动中改变方向或做三维移动就形成折面或曲面。面在非自身平面上移动形成体,区别于点、线、面,体是有体积的,空心的体具有容积,能形成空间(图4-11~图4-13)。

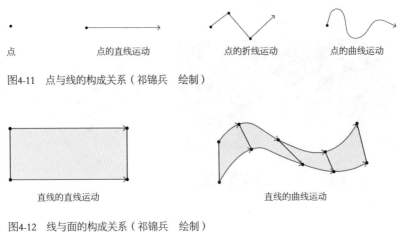

点　　　　　　点的直线运动　　　　　点的折线运动　　　　　点的曲线运动

图4-11　点与线的构成关系(祁锦兵　绘制)

直线的直线运动　　　　　　　　　直线的曲线运动

图4-12　线与面的构成关系(祁锦兵　绘制)

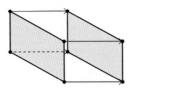

图4-13　面与体的构成关系(祁锦兵　绘制)

点、线和面是平面构成的基本元素，同时也是立体和空间界面的构成元素。三维的体是立体构成和空间构成中的主要元素。

2. 元素的基本属性

形态构成元素的基本属性包括：形状、大小、色彩、肌理、位置、方向、光影等，此处列举其中最主要的三个属性进行说明。

形状是一个具体的概念，是物体具体的造型或表面轮廓。形状是我们识别形体、给形体分类的主要依据。形状除了表形，也可用来表意。也就是说许多形状都拥有各自的感情意义，例如：正方形无方向感，在任何方向都呈现出安定的秩序感，象征静止、坚固、庄严；正三角形象征稳定与永恒；圆形充实、圆满、无方向感，象征完美与简洁。建筑形态都可以看作是各种几何形状的组合。如图4-14所示，建筑平面采用等边三角形构图，等边三角形是稳定形状，因此等边三角形的平面也给这座建筑带来稳定感。

图4-14　规则形状建筑与平面

大小表示元素的尺寸，除了点以外任何元素都拥有各自的尺寸，线用长短区别尺寸，面用面积大小区别尺寸，体用体积大小区别尺寸。

色彩是光和视觉引发的一种现象，我们所感受到的各种色彩是我们的视觉对不同波长的光产生的反应。确切地说就是光线照射在物体表面，物体的表面属性将光折射或者反射为不同波长的光，通过眼睛将信息传给视觉神经，视觉神经将波长信息传递给大脑，使人产生对色彩的知觉。色彩与材质和光的关系最为紧密，不同材料的表面质感和肌理不同，呈现出不同的色彩与光泽（图4-15）。

图4-15　外观色彩鲜明的建筑案例

4.2.3　形态构成手法

点只有位置和颜色属性；线拥有尺寸、形状、颜色和方向属性；面和体拥有更丰富的自身属性。在形态构成中，元素的属性特点很重要，而元素间的组织关系则更为重要，创造元素间组织关系的方法就是形态构成的手法。本小节将重点介绍三种常用的形态构成手法。

1. 利用对称性进行形态构成

对称的源起：无论哪种文化背景下，对称都被认为是形式美观的重要条件之一，考古学研究表明，人类文明的启蒙时期，人们就已经有了对称的概念，并开始按照对称的规律建造自己的居所和加工生活用品。中西方遗留下来的各类古代艺术品中的对称构图更说明，对称构图在极早的时候就已经作为一种美学范式被大众所接受了。

建筑设计中的对称性：对称与非对称是平面和立面形态构成设计中的主要方式，对称与非对称的规律对于平面、立面形式的协调有着非常重要的意义。

人们很早就认识对称了，因为对称广泛存在于自然界的动植物形态中，人体自身就是标准的轴对称，身体外形和面部器官沿着鼻尖与肚脐的垂直向轴线对称，轴线两侧基本相同，这就是人体的对称。

对称的定义：对称是指一个或多个物体的形态构图关系对某个点、直线、平面而言，在大小、数量、形状、色彩、排列方式等属性上具有一一对应的关系。

对称的特性：视觉上的稳定性是对称最主要的特性。稳定、坚固、耐久是人对居所的基本要求，稳定的构图关系能在视觉上带给人安全感。因此，对称成为建筑美学中最安全、不易出错的构成手法。对称包含：二维平面构成中的轴线对称、中心对称；三维立体构成中的面对称、螺旋对称。

建筑平面、立面设计中主要应用二维平面构成中的对称原理。

轴线对称：轴线对称是最常见的对称方式，特指单一图形或两个图形之间的对称关系。轴线对称的构图中存在一条或隐含一条轴线，该轴线两侧的图形的自身属性和与轴线的位置关系相同（图4-16）。

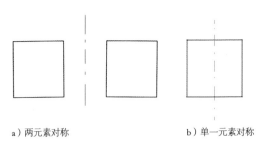

a）两元素对称　　　　　　　b）单一元素对称

图4-16　轴线对称的基本形式（毕昕　绘制）

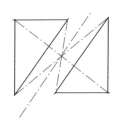

中心对称：中心对称是指把一个图形绕着某一点旋转180°，如果它能够与另一个图形重合，那么就说这两个图形关于这个点对称或中心对称（图4-17）。

轴线对称的视觉因素：元素自身的属性、元素与轴线的关系、元素之间的关系。

元素自身的属性：形状、尺寸、比例、色彩和材质等。

图4-17　中心对称的基本形式（毕昕绘制）

元素与轴线的关系：距离、角度、位置等。

元素之间的关系：一致、左右反转、上下反转等。

根据上述视觉因素，我们可以总结出以下关于轴线对称的基本特征：

元素自身的属性越简单（简单图形元素），对称关系越明显，整体构图的稳定性越强；反之元素自身的属性越复杂（尤其是人眼无法马上识别元素属性时），对称关系越弱，整体构图的稳定性也越弱。

元素之间、元素与轴线之间的相对距离越近，对称关系越明显，整体构图的稳定性越强；反之，距离越远，对称关系越弱，整体构图的稳定性也越弱。

轴线对称中，元素的自身属性、元素与轴线的关系和元素之间的关系都完全一致，因此轴线对称的构图稳定性最强。

深圳图书馆和深圳音乐厅坐落于深圳市福田中心区，作为一个对称的建筑群组，图书馆和音乐厅横跨在福中一路上，福中一路犹如一条笔直的轴线将这组建筑分为完全对称的两部分（图4-18～图4-20）。

图4-18　深圳图书馆和深圳音乐厅

 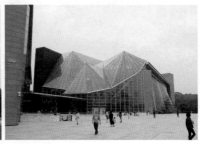

图4-19　深圳图书馆和深圳音乐厅近处照片（毕昕　拍摄）

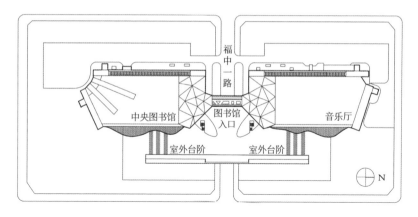

图4-20　深圳图书馆和深圳音乐厅总平面图（祁锦兵　描绘）

　　郑州郑东新区的郑东绿地中心双子塔也是一组轴对称的双塔建筑（图4-21）。郑东绿地中心双子塔于2016年完工，总建筑面积68万平方米，主体建筑是两座高284米的塔楼建筑。单体塔楼采用核心筒居中，四周环绕柱网的结构布局。双子塔内部有多种平面形式，办公空间与室外平台、屋顶平台等公共空间相连，增加空间交互性的同时，也增强立面效果。

图4-21　郑东绿地中心双子塔照片

双子塔面向市中心，东侧紧邻郑州东站，自东向西看，双子塔仿佛是城市的大门。这样对称的设计灵感来源于登封汉三阙，阙是我国古代庙前标志性的对称式构筑物，具有引导性。双子塔的设计沿用了这种方法，将两栋建筑对称布置，对称的形式也是庄严与规则的象征（图4-22）。

图4-22　郑东绿地中心双子塔轴线关系（邢素平　绘制）

2. 利用形态的一致性、相似性与差异性进行形态构成

对称以外的所有构成手法可以统称为非对称。根据构成元素的自身属性及元素之间的关系，非对称可以分为三种：一致性构成、相似性构成和差异性构成。

（1）建筑设计中的一致性构成　建筑空间中的一致性表现在同一空间范围内有两个以上的元素属性相同，多个元素一定存在相对位置的差别，属性相同但相对位置不同时，元素之间会形成主次关系。

一致性的构成关系在城乡规划和城市设计中运用广泛。如图4-23所示，某居住区中的几座塔楼建筑完全相同，体现出形体组织的一致性。

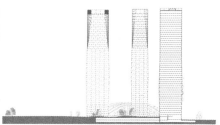

图4-23 建筑形体一致性案例

（2）建筑设计中的相似性构成 相似性是指空间中若干元素的属性、特征存在差异，但接近一致的关系。这种差异较小，也被称为细微差别。元素之间的细微差别可以是元素的自身属性，也可以是元素之间的关系。图4-24a中两个形状和大小完全相同的元素在颜色上存在差别；图4-24b中三个元素的属性完全相同，但三个元素之间的位置关系存在差别；图4-24c中的三个元素属性完全相同，但摆放方式存在差别。

a）颜色差别　　　　　　　b）距离差别　　　　　　　c）关系差别

图4-24 元素相似性（祁锦兵 绘制）

鄂尔多斯市图书馆是内蒙古自治区最大的图书馆，该建筑位于鄂尔多斯康巴什区，于2007年落成，总占地面积3.09公顷，建筑面积4.17万平方米。建筑分为阅藏研究区、电子网络区、交流培训区、公共活动区和业务管理区。建筑外形的设计概念来自三本图书的相互依靠，形状、大小、"厚薄"相同的三个建筑体块，犹如三本书架上的书（图4-25）。在这个设计中，组成建筑的三个体块属性相同（形状、大小、材料等），但体块之间的摆放方式存在差异，由此形成相似但不相同的效果。

图4-25　鄂尔多斯市图书馆（毕昕　拍摄）

（3）建筑设计中通过形态差异性进行构成设计　元素的形态差异可以分为一般差异与反差两种。随着元素属性间的差别逐渐增大，元素间的相似度随之不断减少，当差别达到相互对立时，元素间的关系称为反差，元素的反差就像磁铁的正负极一样鲜明。

尺寸差异：建筑各组成部分尺寸的大小决定了其在建筑中的主次地位，建筑设计中有时会刻意将构成元素的尺寸进行差异化处理，可以确立建筑（或建筑组成部分）之间的主次关系，尺寸大的占主要地位。

形状差异：建筑形式中，形状是最直观的视觉属性。建筑中的形状差异主要是指面形和体形的差别。面形是二维视觉概念，建筑中通常是指特定角度的建筑轮廓所呈现的形状（通常选择建筑主立面），例如金字塔的三角形、国家大剧院的半圆形等都是指建筑轮廓线形成的形状。建筑各组成部分之间的形状差异能创造出独特的视觉冲击，能迅速给人留下印象。罗丘赛兹酒庄建筑的上半部分的体块面形是一个圆润的椭圆形，下半部分是一个平直的方形，上部材料较实，两侧通透，下半部分则是整体通透的玻璃幕墙，上下形体形成反差，产生视觉冲突（图4-26）。

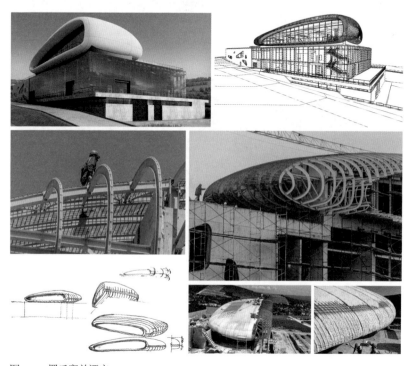

图4-26　罗丘赛兹酒庄

虚实差异：建筑形态构成中的"虚"与"实"是相对概念，根据元素对比中的虚实程度划分。虚实差异也是建筑设计中最常用的构成手法，虚实差异不仅决定构成形式，同时还能创造出有差异的建筑空间关系和室内环境关系。

赛马会创新楼是香港理工大学设计学院及赛马会社会创新设计院的总部。该教学楼建筑高15层，建筑面积1.5万平方米，包括设计室、研究室和工作间、展览廊、多功能教室、阶梯教室以及公共休闲区等。建筑整体呈流线造型，外立面的连续横向金属遮阳板形成动态的线形肌理，增加了建筑水平方向的流动感（图4-27）。建筑上部的多层次横向划分结合玻璃幕墙，使这部分建筑体量被虚化，而下部分的处理则相对较实，开窗较少，形成上下两部分的虚实对比。

图4-27　香港理工大学科技中心照片（毕昕　拍摄）

　　质感差异：建筑的质感是指材料外表面肌理带给人的视觉和触觉感受，建筑质感的差异由材料本身的物理特性所决定，对于材料质感的描述有很多，粗糙、细腻、平滑等。不同的材料质感带给人不同的心理感受：粗糙质感显得厚重、扎实；细腻、平滑质感显得轻盈、明快，多种材质相互穿插，可以给人带来强烈的视觉冲击（图4-28）。

图4-28　外立面质感与色彩差异案例：世博会博物馆（邢素平　拍摄）

色彩差异：色彩的三要素是色相、明度、纯度。每种建筑材料都有自己独特的色彩，当不同颜色的材料组合在一起时，建筑呈现出丰富的色彩组合。同时，建筑的立面设计与室内设计也可以利用差异性配色，结合色彩心理学原理，给人带来不同的心理感受。

3. 利用韵律关系进行形态构成

韵律最早是用来表示音乐或诗歌中音调的起伏与节奏，后其含义边界得到拓展，表示物体特定的组合规则。韵律也可以指某些物体运动的均匀的节律。建筑通常是静止的，不存在运动，建筑形态构成中的韵律是指构成元素点、线、面、体以规则化的、图案化的规律进行排列，带来视觉上的动感或序列感。

韵律关系的类型有很多，自然界中的很多事物都会有规律地重复出现或有秩序地渐变，这些重复与秩序有很明显的美感，因此，重复与渐变成为最主要的韵律关系。建筑形态构成中也以重复韵律和渐变韵律最为常用。

（1）重复韵律　重复韵律被广泛用在建筑立面、形体和空间构成中。建筑构成元素的重复韵律需要满足两个基本条件：元素属性相同；元素间有固定的位置关系。重复韵律可以细分为单体重复韵律和分组重复韵律两类。

1）单体重复韵律中的元素都是属性相同的个体，个体之间按照相同的间距重复排列（图4-29）。

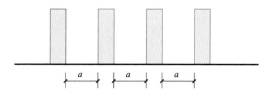

图4-29　单体重复韵律示意图（祁锦兵　绘制）

建筑构成中单体重复韵律的元素可以是建筑构件、空间或建筑体块。5.12抗震救灾纪念馆入口空间的柱廊、广州塔的钢结构柱网都是建筑结构构件的单体重复排列（图4-30）。田岗知行村乡村会客厅的部分空间形态就是单体重复韵律；新加坡滨海湾金沙大酒店由三个相同的单体建筑按照重复韵律组合为建筑群组（图4-31）。

a）5.12抗震救灾纪念馆

b）广州塔

图4-30　建筑构件的重复韵律（毕昕　拍摄）

a）田岗知行村乡村会客厅

b）新加坡滨海湾金沙大酒店

图4-31　建筑空间与建筑形体的重复韵律

　　建筑的单体重复韵律不局限于二维平面中水平向或垂直向的排列组合，通过单体重复韵律也能形成三维的立体构成关系，广州塔主体结构及外立面就是由单根钢结构柱按照固定的间隔环绕排列形成的三维直纹曲面体。

　　2）分组重复韵律是指重复单元内存在多种构成元素，元素的间距也可能不等距，但若干构成元素相互组合后形成组团，组团之间属性相同且等距。单体重复韵律中元素数量较少、韵律关系突出，具有较强的识别性。分组重复韵律中的元素数量较多、韵律关系的识别性相对较弱。分组重复韵律可以分为两类：

同属性元素的分组重复韵律：所有构成元素的属性相同，元素间距不同，但分组后，组与组之间的间距相等，且每组内的元素间距也存在固定韵律。图4-32a所示是形状、大小、颜色均相同的简单元素，其中元素间距存在两种尺寸，且两种尺寸交替存在，单体元素之间不存在重复韵律的排列关系，但两两组合成组后，重复韵律关系得以显现。

　　不同属性元素的分组重复韵律：单体构成元素属性不完全相同，在视觉引导下分组产生重复排列效果。如图4-32b所示，图中的6个元素，两两组合形成组团，组与组之间按照相同距离水平向排列。

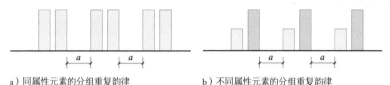

a）同属性元素的分组重复韵律　　　　　　　b）不同属性元素的分组重复韵律

图4-32　分组重复韵律示意图（祁锦兵　绘制）

　　江苏省美术馆与河南中医药大学图书馆、博物馆的外立面均符合不同属性元素分组重复韵律的特点（图4-33）。这种构成手法使看似杂乱的构图中暗含隐形的规律。

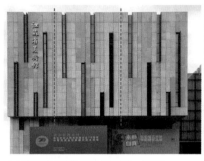

a）江苏省美术馆外立面（邢素平　拍摄）　　b）河南中医药大学图书馆、博物馆（毕昕　拍摄）

图4-33　分组重复韵律案例

　　（2）渐变韵律　渐变韵律与重复韵律不同，构成元素自身属性与元素间离这两个要素中的其中一个要按照渐变规律变化，且变化规律是固定的。图

4-34a中的5个元素属性相同，间距按照a、$2a$、$3a$、$4a$的规律递增，形成间距渐变；图4-34b中的4个元素间距相同，但遵循后一个元素高度为前一个元素高度$+h$的规律变化，形成元素属性渐变。

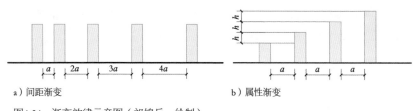

a）间距渐变   b）属性渐变

图4-34　渐变韵律示意图（祁锦兵　绘制）

渐变韵律不仅可以应用在二维平面构成中，还可以应用在三维的立体构成中。上海东方体育中心外立面的效果就是两侧向中间逐步升高的渐变韵律，实现了形态构成与结构体系的双向适应关系（图4-35）。

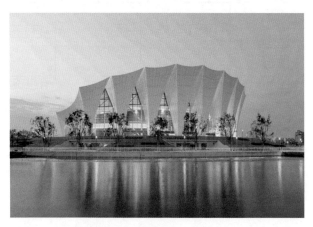

图4-35　渐变韵律案例：上海东方体育中心

根据上述这些案例我们可以看出，在一个建筑的形态构成中，常常会有多重构成手法的综合应用，这些形态构成手法的应用对象可以是建筑的总体形态、场地设计、结构构件等。同时，元素与手法的选择不仅影响着建筑形态，还影响着其功能和结构。

4.3　操作逻辑

建筑设计中的操作，根据操作对象的不同可以分为基于体块的操作和基于板片的操作。基于体块的操作是以体块作为操作对象，进行体块个体操作和多体块组织；基于板片的操作是以二维的板片为操作对象，将其在三维空间中进行个体操作或多板片组织（图4-36）。

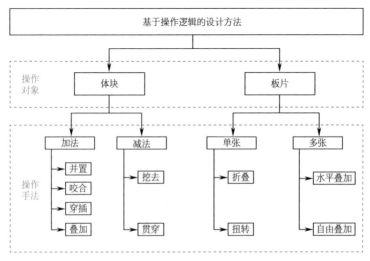

图4-36　基于操作逻辑的设计方法（毕昕　绘制）

1）体块操作可以分为"加法"和"减法"两种，加法操作可以细分为并置、咬合、穿插和叠加四种具体操作手法；减法操作可以细分为挖去和贯穿两种具体操作手法。

2）板片操作可以根据对象数量分为单张板片操作和多张板片操作两类，单张板片操作可以细分为折叠和扭转两种具体操作手法；多张板片操作可以细分为水平叠加和自由叠加两种具体操作手法。

4.3.1 体块操作

1. 加法

加法操作是对两个或多个体块进行组合。体块之间的关系可以分为并置、咬合、穿插和叠加。

（1）并置 并置是体块水平方向的组合关系，体块间可以相互毗邻没有间隔，也可以拉开一定距离；体块间可以遵循规则并列摆放，也可以自由摆放。体块间的并置关系可以分为以下四类：

1）等形并置：并列放置完全相同的两个或两个以上体块，形成有距离间隔的并列的关系，在建筑设计中能形成几个相同的并置空间，同时，空间之间的环境形成室外或半室外的过渡灰空间（图4-37a）。

2）大小并置：不同属性（体积、比例、形状等）的体块并列放置，形成有间隔的、并列的非对称关系，在建筑设计中能形成若干不相同的并置空间，空间之间的环境形成过渡灰空间（图4-37b）。

3）紧密并置：体块（属性相同或不同）并列放置且紧密相连，体块之间没有间隔，在建筑设计中形成相邻空间或完整空间（图4-37c）。

4）自由放置：体块间有间隔且自由放置，不刻意追求并列或平行的关系，体块之间有一定夹角，是有距离间隔的自由组织关系。在建筑设计中能形成若干自由排列的空间，空间之间的环境形成过渡灰空间（图4-37d）。

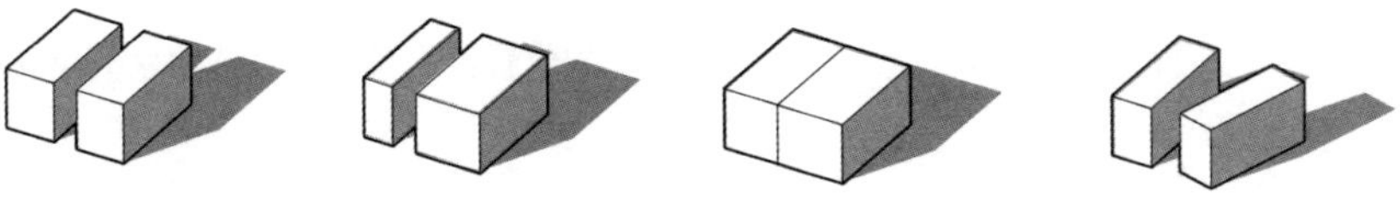

a）等形并置   b）大小并置   c）紧密并置   d）自由放置

图4-37 体块并置分类（祁锦兵 绘制）

图4-38所示建筑是位于蒙特利尔的 CHUM 综合医院楼，建筑主体部分由两个实体块组成，中间的空间用透明界面将两部分相连，两个体块呈并置关系。两个体块一大一小，关系上是大小并置，二者的平面形状恰巧可以组合为一个完整的三角形，使建筑的视觉效果完整统一。

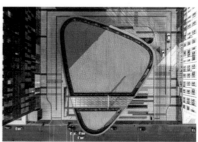

图4-38　蒙特利尔CHUM综合医院楼

杭州良渚文化艺术中心是体块自由放置的典型案例，该建筑位于杭州市西北郊良渚文化遗址附近，占地总面积约2.35公顷，总建筑面积约1.2万平方米。艺术中心由三栋矩形独立建筑组成，呈自由放置的形式，一个完整屋面覆盖，将三栋建筑连接为一体（图4-39）。

（2）咬合　体块之间的咬合是指体块之间相互交错重叠，此种操作对体块的大小无明确要求。根据体块交叉位置的不同，咬合可以分为角部咬合、边界咬合、扭转咬合三类（图4-40）。因为存在交叉，建筑中的空间会存在交错的效果，这些交错空间成为原有两个空间之间的纽带。咬合也是体块间关系最紧密的一种形式。

1）角部咬合：体块之间彼此交错咬合的位置位于角部，且体块之间是正交咬合关系。

2）边界咬合：体块之间彼此交错咬合的位置位于边上，且体块之间是正交咬合关系。

3）扭转咬合：体块朝向发生扭转，再相互咬合，是有角度的非正交咬合关系。

a）良渚文化艺术中心（一）　　　　　　　　b）良渚文化艺术中心（二）

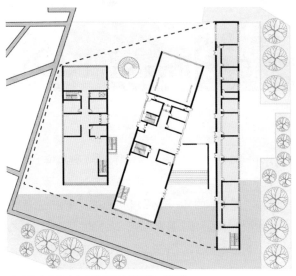

c）良渚文化艺术中心平面图（王郅尊　绘制）

图4-39　良渚文化艺术中心

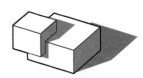

a）角部咬合　　　　　　　b）边界咬合　　　　　　c）扭转咬合

图4-40　体块咬合分类（祁锦兵　绘制）

西班牙马萨纳艺术学校是这方面的典型案例，该建筑位于巴塞罗那历史区的中心地带，建筑面积1.1万平方米，是嘉杜尼亚广场长期改造过程的一部分，为了与周边建筑整体风貌保持一致，该建筑把体量切分，形成上下两部分，上部分旋转一定角度，建筑主立面朝向城市广场，上下体块呈扭转咬合的关系（图4-41）。

图4-41　西班牙马萨纳艺术学校
注：该图取自参考文献[85]。

亚投行总部大楼在设计中同时使用了并置和咬合两种操作，建筑位于北京奥林匹克公园中心区，在北京城市中轴线的北端，与"水立方""鸟巢"、国家会议中心等标志性建筑相邻，是北京的又一国家级重要建筑。该建筑总建筑面积约39万平方米，由5座写字楼组成，地上最高16层，地下3层，设计理念来自中国古代城市"九宫格"，内部结构借鉴了鲁班锁，表达了重檐、叠梁等中国建筑意象。亚投行总部大楼的四个规整的矩形体块呈等形并置关系。同时，在顶部中间位置增加一个矩形体块，该体块与下部的四个并置体块同时交错咬合。设计中的空间与空间咬合，中庭与室外庭院互通（图4-42）。

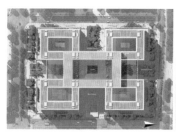

图4-42　亚投行总部大楼暨亚洲金融大厦

（3）穿插　体块穿插关系中的两个体块有大小区别，小体块从某一面插入大体块内部或穿透大体块，具体操作手法分为以下四种情况：

1）单侧穿插：小体块从大体块的一个面正交插入，但不贯通大体块的操作手法。在建筑上形成小空间出挑于大空间的空间形式（图4-43a）。

2）贯穿穿插：小体块从大体块的一个面正交插入且贯通大体块的操作手法。在建筑设计中形成两侧小空间出挑于大空间的空间形式（图4-43b）。

3）自由穿插：小体块从大体块的一个面自由插入（非正交）大体块，但不贯通的操作手法。在建筑设计中形成不规则小空间出挑于大空间一侧的空间形式（图4-43c）。

4）自由贯穿：小体块从大体块的一个面自由插入（非正交）且贯通大体块的操作手法。在建筑设计中形成不规则小空间出挑于大空间的多侧空间形式（图4-43d）。

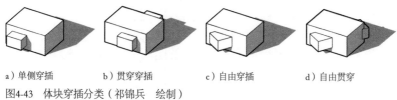

a）单侧穿插　　　　b）贯穿穿插　　　　c）自由穿插　　　　d）自由贯穿

图4-43　体块穿插分类（祁锦兵　绘制）

深圳南方博时基金大厦、太平金融大厦坐落于深圳深南大道旁，是两座平面为简洁矩形的塔楼建筑，高度约200米。与其他矩形平面的高塔建筑的区别在于，这两座建筑每隔6层就会有5层采用体块单侧穿插与体块自由穿插的手法，插入若干出挑空间与架空空间，使办公空间与公共休闲空间彼此穿插（图4-44、图4-45）。

图4-44　深圳南方博时基金大厦、太平金融大厦（毕昕　拍摄）

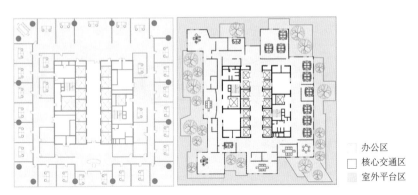

□ 办公区
☒ 核心交通区
▨ 室外平台区

图4-45　深圳南方博时基金大厦、太平金融大厦的两种平面图（王郅尊　绘制）

（4）叠加　叠加是体块之间竖直方向上的操作手法，在视觉上，上部体块给下部体块以压力感，体块间的关系较水平并置更为紧密。多层和高层建筑设计中，常使用叠加手法进行操作。体块间的叠加关系有以下四种情况：

1）等形叠加：属性（形状、体量、尺寸、材质等）完全相同的多个体块上下重合叠加，视觉上类似对一个完整体块进行水平方向划分。建筑上下分层，但整体性和统一性仍然较强（图4-46a）。

2）错位叠加：属性（形状、体量、尺寸、材质等）完全相同的多个体块上下叠加，但不重合，上下体块之间沿水平方向进行错位处理，在建筑中形成上部有悬挑和退台，下部有檐下空间的建筑形态（图4-46b）。

3）大小叠加：形体大小不同的体块在竖直方向上下叠加，形成上大下小或上小下大的建筑体态，竖直方向上，空间层次分明（图4-46c）。

4）扭转叠加：多个体块在竖直方向上下叠加，体块间通过扭转形成朝向不同的关系，建筑形成不规则的形态。上下两层的立面朝向不一致，可以灵活处理建筑采光问题（图4-46d）。

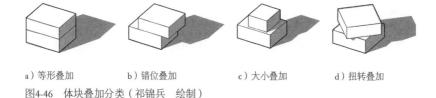

a）等形叠加   b）错位叠加   c）大小叠加   d）扭转叠加

图4-46　体块叠加分类（祁锦兵　绘制）

体块叠加的应用方式有很多，可以通过多次体块叠加完成建筑形体的塑造，例如，MAS博物馆运用多个不规则体块相互错位叠加的手法，建筑竖向交通核心筒居中，上下体块之间虚实交错处理，将所需的功能放入对应的体块之中（图4-47）。

图4-47　MAS博物馆

a）马格德堡大学图书馆首层平面图

b）马格德堡大学图书馆效果图

图4-48　马格德堡大学图书馆

注：该图取自参考文献[19]。

马格德堡大学图书馆也是一座上下体块叠加的案例。该建筑连接着大学和城市，建筑上下两个体块的形状都不规则且不相同，上下两部分的叠加使上部体块大尺度向外出挑，出挑部分下端设置两列共六根结构柱以保证结构的稳定性（图4-48）。

这一节，我们总结了体块之间加法操作的4种手法，设计人员可以根据构成要素的属性，以及希望塑造的建筑空间类型来有选择地进行设计操作。

同时可以根据需要将多种加法操作混合使用，尤其是在场地复杂或建筑需要表达多个设计主题时。

河南宝丰汝窑博物馆位于河南省平顶山市宝丰县大营镇清凉寺村，依托清凉寺汝官窑遗址建设，属于"区外"遗址博物馆类型，包括展陈部分、馆藏部分、办公部分、工艺展示部分、服务设施部分，是国家二级博物馆。

该建筑的空间组织内容丰富，设计中结合基地环境，分解建筑的体量，组织院落，使建筑与遗址环境和谐共处；功能组织上，在博物馆基本展示功能基础上增加公众可参与的内容，室内展示结合室外遗址展示区，增加观展的体验感；在技术处理上，结合宝丰地区特殊的自然文化环境，对当地特色的建筑形式、结构形式以及材料工艺等进行选择和提炼，以现代技术与传统手段相结合的方式，创造具有地域文化的新建筑形式（图4-49）。

图4-49　宝丰汝窑博物馆照片（张建涛　提供）

为适应多功能分区的合理组织关系，建筑在形态构成上同时将并置、咬合两种手法混用。建筑形体组合、空间尺度、表面肌理等形态要素呼应当地民居建筑风格和"窑"的特征，若干单坡矩形体块和圆柱形体块并置，咬合在中部L形体块上，形成多种属性（形状、颜色、比例）的体块组织在一起的效果，操作手法多元，建筑形态协调统一（图4-50、图4-51）。

图4-50　宝丰汝窑博物馆局部照片（张建涛　提供）

a）宝丰汝窑博物馆立面照片

1 门厅
2 中庭
3 陈列展厅
4 信息展厅
5 服务用房
6 售票
7 辅助用房
8 水景

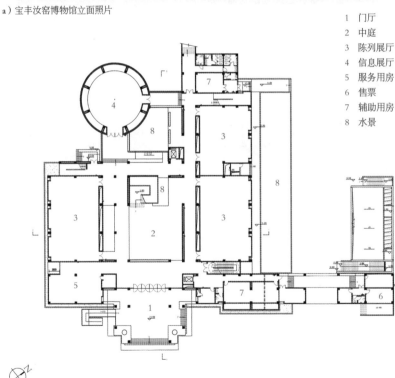

b）宝丰汝窑博物馆平面图

图4-51 宝丰汝窑博物馆（张建涛 提供）

2. 减法

体块的减法操作是指以单一对象为主体，对其进行去除体量的操作，具体操作分为挖去和贯穿两类。

（1）挖去 挖去是最常见的减法操作，即从一个完整体量中挖除一部分，与贯穿操作最大的区别是，挖去部分并不穿透原有体块。建筑设计中可以利用挖去手法在建筑形体中形成局部灰空间，增强室内外空间的交互。根据挖去部分位置的不同可以分为挖角、挖边、挖面、组合四种基本类型。

1）挖角：被挖去部分位于体块的角部（图4-52a）。

2）挖边：被挖去部分位于体块的边上（图4-52b）。

3）挖面：被挖去部分位于体块的面上（图4-52c）。

4）组合式挖去：同时在体块的多个位置进行挖去操作（图4-52d）。

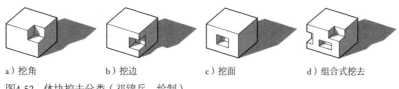

a）挖角　　　　　　b）挖边　　　　　c）挖面　　　　　　d）组合式挖去

图4-52 体块挖去分类（祁锦兵 绘制）

上海保利大剧院的建筑外形是规则的立方体，建筑的侧面与顶边有多个椭圆形孔洞，将建筑的竖向交通构造露出，建筑的内部形态与构造逻辑通过孔洞呈现在建筑立面上（图4-53）。

（2）贯穿 贯穿是体块减法操作中的另一种手法，该手法的主要特点是在进行挖去操作时，将原有体块穿透，该操作手法根据贯通位置和方向的不同分为以下四种类型：

1）水平贯穿：在立面上沿水平方向进行正交贯穿挖去，这种操作手法会在建筑中形成贯穿两个立面的通廊或者公共空间（图4-54a）。

图4-53　上海保利大剧院

2）竖直贯穿：在建筑顶面沿竖直方向进行正交贯穿挖去，在建筑中形成贯穿上下的中庭空间（图4-54b）。

3）斜向贯穿：沿水平或竖直方向做非正交贯穿挖去处理（图4-54c）。

4）组合式贯穿：多种贯穿手法综合使用在同一体块上，建筑上会出现多种形态的灰空间和公共空间（图4-54d）。

a）水平贯穿　　　　b）竖直贯穿　　　　c）斜向贯穿　　　　d）组合式贯穿

图4-54　体块贯穿分类（祁锦兵　绘制）

大跨度建筑，尤其是体育场建筑，因其大尺度的建筑空间和连续看台的功能要求，在建筑入口空间的处理上一般采用水平贯穿操作。呼和浩特体育中心主入口是在曲线外形高度较低的位置采用水平贯穿的手法"挖"出来的，这样使入口的内凹关系更加明显，具有较强的引导性（图4-55）。

图4-55　呼和浩特体育中心（毕昕　拍摄）

　　沿竖直方向从顶面贯穿挖去部分建筑体量，可以在建筑中形成中庭空间，广东汕头幼儿师范高等专科学校设计方案挖出了五个大小不同、形状不一的中庭空间，将自然环境和景观引入建筑中（图4-56）。

图4-56　广东汕头幼儿师范高等专科学校设计方案

　　东吴文化中心位于江苏省苏州市吴中区，是一座集文化馆、图书馆、规划展览馆、档案馆、青少年活动中心等场所为一体的综合性文化建筑（图4-57）。其设计概念来源于太湖石讲究的"透"感，寓意建筑就像经过雕琢的太湖石般玲珑剔透。为体现雕琢感，在原本规则的长方体上进行多种挖去、贯穿操作，挖取位置分别位于建筑顶面和立面，形成建筑的中庭空间和入口空间，将建筑中庭与周边环境相连，使内部景观与外部环境充分融合。为呼应这种形式，挖取位置采用透明材质，外加横向线性装饰，区别于外表面墙体的白灰色，进一步强调建筑形式的独特感（图4-58）。

图4-57　东吴文化中心（一）

图4-58　东吴文化中心（二）

4.3.2 板片操作

体块操作能直接塑造建筑的形体，也能直接形成建筑的空间组合关系。板片操作形成的是建筑的构造关系，能形成建筑的墙体、楼板与屋面的构造逻辑。因此，板片操作形成的形体通常都需要再次界定气候边界（位置、材料和范围等），用以形成空间。板片操作可以分为单张板片操作和多张板片操作两种方法。

1. 单张板片

对单张板片进行折叠、扭转等形变处理，使之形成特定的形象和空间关系。单张板片根据操作手法的不同，可以分为板片折叠及板片扭转两类：

1）板片折叠：板片沿参考线进行不同方向上的折叠，形成具有夹角关系的结构，连续折叠将空间进行划分，形成非连续空间序列（图4-59a）。

2）板片扭转：板片通过改变不同位置的高度和方向进行扭转操作，扭转过程中会形成连续空间序列（图4-59b）。

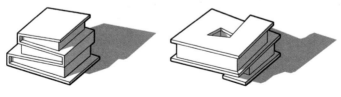

a）板片折叠　　　　　　　b）板片扭转

图4-59　单张板片操作分类（祁锦兵　绘制）

如图4-60所示，从外形上可以清晰地看出板片折叠的形态生成逻辑，板片经折叠形成了建筑楼板、部分屋面和部分墙体。在实际的建造过程中为进一步突出操作逻辑，将部分板片设计为实体墙面，而其他位置的气候边界用透明材质进行区分，在虚实之间交代了建筑的形态操作逻辑和结构逻辑。

中国南京汽车博物馆中的展品是大重量的汽车，而汽车需要有连续的行驶路线。因此在该设计中引入单张板片扭转的操作手法，单张板片在建筑中转化为具有连续流线的立体结构（楼板和屋面）。同时，板片连续的单方向扭转围合出可供通风和采光的中庭空间（图4-61）。

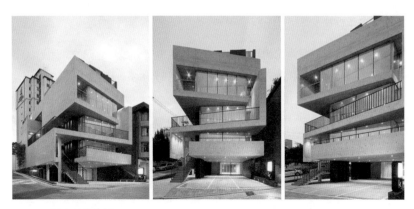

图4-60　板片折叠案例

图4-61　中国南京汽车博物馆设计方案
注：该图取自参考文献[23]。

2. 多张板片

多张板片之间最常见的操作方法是叠加或并置，板片之间的间距形成空间。根据叠加方式的不同，多张板片操作可以分为水平对位叠加、水平错位叠加和自由叠加三类：

1）水平对位叠加：多张完全相同的板片水平对位叠加，对竖向空间进行均匀划分。此操作适用于需要形成多个相同空间并列布置的建筑（图4-62a）。

2）水平错位叠加：多张板片水平交错叠加，形成属性不同且不对位的并列空间。该操作形成的建筑空间彼此交错，空间属性多元、空间联系方式多样（图4-62b）。

3）自由叠加：板片之间不遵循水平并列关系，相互之间形成夹角（可以对位，也可以交错）。该操作能在建筑中形成具有一定坡面的楼板或屋面，空间属性与构造关系更加复杂（图4-62c）。

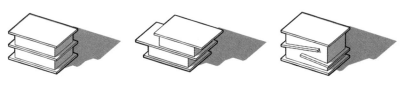

a）水平对位叠加　　　　　b）水平错位叠加　　　　　c）自由叠加

图4-62　多张板片操作分类（祁锦兵　绘制）

如图4-63所示，辽宁省博物馆采用板片水平错位叠加的方法，形成建筑整体外观上的虚实变化。图4-64所示的多个案例利用不同形状的板片错位叠加形成的效果消减了建筑本身的厚重感，呈现出轻盈的建筑质感。

实际操作中，可以将对体块和平面的多种操作手法综合应用。福建省龙岩市工人文化宫作为一个建筑群组，同时使用了单个体块局部挖去、多个体块之间并置、平面水平错位叠加等多种手法。

图4-63 辽宁省博物馆外观照片（毕昕 拍摄）

图4-64 板片叠加的建筑案例

多种手法混合使用时，为保证建筑整体的统一关系，应尽量将建筑构成中的某一要素进行统一，福建省龙岩市工人文化宫将建筑材料和色彩进行统一，保证了建筑整体的统一性（图4-65）。

图4-65　福建省龙岩市工人文化宫（舒琬婷　拍摄）

来源五　**技术**

　　建筑的发展是人类社会不断进步的物质表现，建筑创作的革新始终伴随着科学技术的不断发展。科技创新时刻影响着建筑业的发展，新的科学技术也成为建筑设计中一个重要的灵感来源。

　　早在现代主义建筑兴起时，就已出现了以科学技术引导建筑设计的趋势。源于英国的"高技派"，强调在建筑中使用现代结构、技术和材料，以理性的态度重视高技术，在其代表人物詹姆斯·斯特林、理查德·罗杰斯等人的带领下，这种设计方式和作品影响了许多后辈建筑师。

　　不同学科之间的融合、技术的发展使冰冷的建筑不只是居住或其他生产行为的载体。新型材料促使建筑气候边界在坚固度、形态、透明性和质感上的不断升级；新设备从技术层面不断改善建筑的室内环境，优化建筑能耗；更为智能的软件系统能优化人在建筑空间中的体验感且增强建筑与使用者之间的交互。

5.1 前沿科技

5.1.1 科技发展与建筑科学

人们常把"科学"和"技术"连起来，读作"科学技术"，简称为"科技"，用以称谓"科技工作""科技事业""科技人员""科技现代化"等。但是，实际上"科学"与"技术"是两个不同的概念，但它们彼此间又不相互独立，二者之间是一种辩证统一的关系，既有区别，又有联系。随着社会的发展进步，科学和技术的内涵也在不断地充实，两者相互作用，相互依存，相互渗透，共同为人类提供服务。

1. 关于科学

外文文献中的定义与溯源：法国版《百科全书》中的定义：科学首先不同于常识，科学通过分类，以寻求事物之中的条理。此外，科学通过揭示支配事物的规律，以求说明事物。苏联《大百科全书》：科学是人类活动的一个范畴，它的职能是总结关于客观世界的知识，并使之系统化。"科学"这个概念本身不仅包括获得新知识的活动，而且还包括这个活动的结果。《现代科学技术概论》：可以简单地说，科学是如实反映客观事物固有规律的系统知识。德国著名哲学家弗里德里希·威廉·尼采认为：科学是一种社会的、历史的和文化的人类活动，它是发明，而不是发现不变的自然规律。

"科学"一词，最早源于拉丁文的"Scio"，后来演变为"scientia"，其本意是"学问与知识"。英语中的"science"、德语中的"Wissenschaft"都与科学通用，主要强调的是"知识"的意思。

中国文献中的定义与溯源：《辞海》（1979年版）对"科学"的定义是：科学是关于自然界、社会和思维的知识体系，它是适应人们生产斗争和阶级斗争的需要而产生和发展的，它是人们实践经验的结晶。《辞海》（1999年版）的定义是：运用范畴、定理、定律等思维形式反映现实世界各种现象的本质的规律的知识体系。"科学"在中国古文献中的近义词是"格物致知"，最早可以追溯到春秋时期。春秋《礼记·大学》中有："致知在格物。格物而后知至"，意思是推究事物的道理，解决实际问题，才能得到知识。历史学家使用"格物致知"这个词来表达实践出真知的概念。我国在清代也曾经把物理、化学等西方自然学科称为"格致"。康有为在翻译《科学入门》《科学之原理》等日文书目时，首先使用了"科学"二字。严复在翻译《天演论》《原富》等科学论著时，也将"Science"译为"科学"。由此，"科学"一词在中国被正式应用。后来"科学"一词逐渐取代"格致"，正式成为专用名词。中国教科书上将科学分为自然科学和社会科学两类。

根据上述不同国别的定义，可以将"科学"的定义总结为：人类为认识世界而创建的"关于自然与社会本质及其规律"的开放性理论知识体系，它通过长期的传播与社会实践被人们所认知，又随着人类发展不断更新。

2. 关于技术

技术的历史比科学的产生与发展更为悠久，技术通常被认为是为达到某种改变而应用的手段与方法。技术伴随着人类的发展与社会的进步。早在人类起源初期利用天然资源（如草木、石块、兽骨及其他副产品等），将原料转变为工具、居所和其他生活用品的能力就是最初的生活技能和技术。目前为止，对于技术的定义有很多，其中最为人们广泛接受的定义是18世纪法国作家狄德罗给出的：技术是为某一目的共同协作组成的各种工具和规则体系。同时，他认为技术应具有以下四个特性：①目的性，技术需服从于某一具体目的；②规则性，技术表现为规则和技能；③工具性，技术的实现离不开工具和条件；④体系性，完整的技术是成套的知识系统。

对技术的另一种表述是：技术是人类在长期社会实践过程中发明并改良的，用以改善人类认识和改造世界的方法和工艺体系。它的特征是：利用各种资源创造工具，改善人类认识世界和改造世界的能力。它从实践过程中被人们总结出来，或在科学理论指导下被人们发明出来，经过实践的检验得到确认和应用。

技术存在具体形态和抽象形态两种：技术的具体形态是可以实际操作的系统，称为技术工具；技术的抽象形态是一套操作程序，告诉人们应当怎么做，称为技术方法。

3. 建筑科学与技术的关系

对照科学与技术的定义可以看出：科学研究的是自然和社会的本质及其规律，是关于自然和社会本身的知识体系；技术则是人类创造出来用以解决各种问题的工具和方法体系。科学与技术的区别可以归纳为：

1）任务不同：科学的任务是发现与揭示客观规律；技术的任务是改造自然，创造人与自然的协调关系，使人类过得更好。

2）目标和过程不同：科学研究的目标是相对不确定的，范围广、自由度大；技术有相对确定的目标，有较明确的方向和步骤。

长久以来以师承、口授的方式传承下来的建筑建造技艺是一种人们改造生存空间、美化生活环境的技术。尤其是中国自古传承的传统营造技法，更是一种技术的传播与演进。近现代以来，各种建筑技艺被不断总结归纳，建筑与其他相关内容（功能、环境、材料、结构、美学等）一起被作为特定的客体所研究，由此产生了建筑学这门以研究人居环境（或称为"人—环境系统"）设计为核心的学科。

人类文明发展史中，共经历了三次重大科技演进，每次科技演进都会带来重大的社会变革，建筑也随着科技演进而不断发展。

古代建筑技艺：这是各地建筑独立发展的时代。古代时期受人类生活范围所限，建筑具有特别鲜明的地域性差异，大到东西方建筑之间的差异，小到聚落与聚落之间建筑风貌的差别。各地的建筑都受到当地材料、生产工具、技术水平、生活习惯的影响，进而发展出鲜明的地区特点。

西方很早就将科学理论知识带入建筑设计及建造过程中，利用几何学原理来控制建筑的形态、构件的尺寸，利用透视原理来进行建筑图纸的绘制。中国古典建筑技艺则更依赖匠人的代代相传来传承技艺。

从宫殿建筑到民居建筑，从高耸的塔式建筑到低矮的田园乡村建筑，中国的建筑技术一直都沿着自己的文化特征和发展脉络不断传承，甚至影响了东亚其他国家的建筑风格和建筑技术的发展，但受制于当时交流手段的制约，这些影响也仅限于周边地区（图5-1、图5-2）。

图5-1　古代黄河流域匠人的建造活动及早期宫殿建筑模型（毕昕　拍摄）

图5-2　应县木塔（毕昕　拍摄）

近代科技进步带来的建筑大发展：这是各地建筑技艺逐渐开始交流的时代。随着生产力水平的提高，人与人之间跨区域的交流日益频繁，促进了建筑师之间的交流，也促进了各种建筑形式的融合（图5-3）。科技的发展也打破了材料属性对建筑结构的限制，中西方建筑文化与建筑技艺在不断的交流中相互影响，不同风格和形式的建筑被"异地建设"，许多地区都呈现出建筑风格多元化发展的趋势。

这一时期各种建筑思潮开始不断涌现，西方建筑风格也开始逐渐进入中国，我国现有一批西式建筑就是在这一时期建造而成的。

图5-3 不同风格的中国近代建筑（毕昕 拍摄）

现当代科学技术发展带动的建筑大融合：这是各地建筑技艺不断融合的时代。科技的发展打破了思想与距离的界限，各地建筑技艺得到了深度融合与推进。全球各地的建筑在功能、结构、形式、技术等方面互相借鉴、取长补短。尤其是发端于欧洲的现代主义建筑思潮，它的迅速传播使各国建筑出现了一定程度的趋同。进入21世纪以来，中国建筑在融合外来技艺的基础上，也开始注重对传统建造技艺的传承，出现了一批对传统建筑进行转译与传承的优秀当代建筑（图5-4、图5-5）。

图5-4 红砖美术馆室外空间（陈伟莹 拍摄）

图5-5 红砖美术馆节点照片（陈伟莹 拍摄）

5.1.2 科技发展对建筑的影响

建筑发展始终与人类社会的发展同步前行：早在人类起源时的穴居和搭建的棚舍已经具有了建筑的雏形，旧石器时代智人以天然山洞、树洞、灌木丛等作为住所；新石器时代人类开始利用树叶、树枝、兽皮等材料，掘地为穴，构木为巢，创造出人工居所；封建时期各地大兴土木建筑，带来宫殿、陵墓、宗庙、军事工程、公共设施的广泛建设；工业文明阶段，交通、采矿、冶金、水利、电力等产业的工业构筑物大面积兴起；如今，建筑向着智能化、生态化、多功能化的方向迈进。

近现代以来，科学技术的每次革新都牵动着建筑业的变革，科技的每次发展都带动了建筑中建造技术、建筑材料、设计方法和设计概念的革新。

1. 科技影响建造技术

科学技术的革新使建造技术日新月异。建筑的工业预制装配、可生长建筑、新陈代谢建筑等都是随着科技的不断进步而出现的。当今建造技术的发展趋势有以下三个方向：

工业化趋势：今天的建筑具有个性化、式样繁多、体积巨大、分布地点分散等特点，将建造流程工业化是现代建筑业的主要发展方向。将工业生产独有的流水线引入建筑活动，以标准化、工厂化的成套技术改良建筑业的传统生产，从而提高建造效率、提升建筑质量。

同步化趋势：过去建筑从设计到落成，各个环节都按照固有的顺序进行。现今在建筑信息模型（Building Information Modeling）技术和装配式建筑技术的加持下，建筑的设计和建造可以实现较强的同步化，包括：设计同步化（建筑方案、建筑施工图、结构设计、暖通设计同步化），设计与建造同步化（边设计边施工、施工中进行再设计）以及建造环节同步化。

低技化趋势：不同于高技派习惯引领前沿技术和擅长多技术混合使用，低技派是现代建筑设计中一个较为小众的分支，追求建筑的地域性探索，从本土和身边易得的材料及日常生活中汲取灵感，建造低廉、实用耐久的地域性建筑。

2. 科技影响建筑材料

材料是建筑的基础，建筑的坚固程度和外观效果很大程度上由所选材料的属性所决定。不同的材料由于具有不同的属性，具有不同的结构强度和结构耐久度，不同的色彩和肌理使建筑呈现出不同的风貌。

在过去很长一段时间里，土、石、木等天然材料是主要的建筑材料，建筑呈现出与自然相近的形象，但建筑结构受制于天然材料自身特点，其坚固性和耐久性不佳。随着科学技术的进步，各种砖、瓦、混凝土、钢、金属、玻璃等材料相继出现，并被使用在建筑上，使建筑的形式、结构特点均得到较大改变，这些"传统"建筑材料至今仍是建筑的主要材料。

进入新世纪，材料科学领域的不断创新给建筑设计带来了更多可能性。建筑师对新型建筑材料的应用方法主要包括以下两种：

1）利用新型材料自身属性提升建筑性能。例如，采用高分子材料提升建筑的结构强度。

2）通过改变材料形态来改变材料特性。例如，将普通不锈钢加工为穿孔不锈钢板，可以提升建筑整体的通风效果和改变立面外观。

因天然材料环保无污染且贴近自然触感的特性，建筑材料的选用也开始出现回归天然材料的趋势。

3. 科技影响设计方法

科技发展使建筑的设计工具和表达方式也日新月异。建筑师从最初的徒手绘图、制作实体模型，逐步发展成利用计算机进行图纸绘制和模型展示，CAD、Sketch Up、Rhino、Revit等计算机辅助设计软件也得到了广泛的普及和运用。甚至已经实现了输入参数，计算机自动进行运算和生成方案的参数化设计，VR、AR技术的应用则使设计成果的展示更为直观，3D打印技术让建筑实体模型的制作更加快捷和精准。

4. 科技影响设计概念

设计概念是指设计者针对设计所产生的诸多感性思维和归纳与提炼后得出的结论，任何设计都应始于设计概念，尤其是建筑设计。建筑设计如果仅盯着本专业的知识技能和既有的材料技术，很难得到长足的进步。

建筑师通过设计概念向人们展示了他看待世界、对待生活的态度。对建筑师而言，紧跟时代，掌握前沿科技动态，不断进行知识的更新迭代至关重要。通过建筑这个最为贴近人们生活的实体向人们传达和展示前沿科技也是建筑师的责任。 例如，20世纪60年代的"建筑电讯派"将其他学科的技术引进城市和建筑设计中，根据"有生命的容器或座舱"的概念发展出了崭新的城市提案，并将城市设想为可以移动的容器或舱体。这种舱体可以在世界上游荡，在海上漂浮，可以代替城市，也可以与任何适宜的支援和后勤系统联系起来。库克的"栓式城市"和赫伦的"行走城市"便是其典型（图5-6）。

图5-6　朗·赫伦的"行走城市"（左），登上电子艺术大奖2014年鉴封面的《行走的城市》（右）

5.1.3　前沿技术引导的建筑设计方法

前沿技术引导的建筑设计方法可以分为以下三类：前沿建筑设计理念的应用；设计过程中前沿技术的应用；前沿建造技术的应用。

1. 前沿建筑设计理念的应用

20世纪初，现代建筑兴起，用颠覆以往设计的超前理念将建筑从形式主义中剥离。以功能性、实用性为主旨的建筑设计改变了人们对于建筑的认知，将建筑设计引入了新的路径。这样的超前理念不止改变了建筑行业本身，更改变了人们的审美和生活方式。

自现代建筑兴起以来，各种设计流派都在不断推进建筑行业的发展，从"粗野主义""少即是多"到"有机建筑""参数化建筑"，和人类生活最密切相关的建筑空间不断颠覆着人们对于居住环境的认知。

受"建筑电讯派"的影响，20世纪70年代出现了"高技派"。一批青年建筑师认为，不必将组成建筑的机械和结构包裹起来。这个时期高技派建筑的代表是伦佐·皮亚诺和理查德·罗杰斯设计的蓬皮杜艺术中心。这座建筑被剥去了"外衣"，将建筑结构与设备裸露在外，摆脱了人们对建筑理应包裹与围合的固有印象（图5-7）。这座建筑的"高技"表现在两个方面：建筑本身的前沿技术；科技感在建筑上的表达。

图5-7　蓬皮杜艺术中心（钱琪然　拍摄）

蓬皮杜艺术中心于1977年建成并投入使用，是时任法国总统的蓬皮杜为纪念戴高乐而倡议修建的，是现代建筑史上具有里程碑意义的经典建筑。蓬皮杜艺术中心位于巴黎市中心，总建筑面积约10万平方米，共10层（地上6层、地下4层），主要有现代艺术博物馆、公共情报图书馆、工业设计中心、音乐与声乐研究中心，还包括餐饮、销售及办公用房。

建筑平面为简单的168米×4米的矩形，层高7米，钢桁架结构形成大跨空间，建筑不设外表皮，所有钢结构构件、设备管井、竖向交通均暴露在外，展示在来访宾客面前。这样的设计方法即使放在今天也是极其大胆和具有创新性的。建筑师在设计伊始也希望通过这座建筑展示其前沿的科技性：摆脱砖、石、混凝土等传统材料的束缚，依靠钢结构的巧妙搭建形成大跨度的空间设计，并将设备和交通等巧妙融合进建筑中（图5-8~图5-10）。

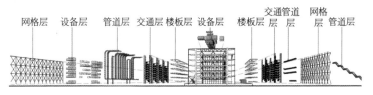

网格层　设备层　管道层　交通层　楼板层　设备层　楼板层　交通管道　网格　管道层
　　　　　　　　　　　　　　　　　　　　　　　　　　　层　层　层　管道层

图5-8　蓬皮杜艺术中心分析图-视角一（邢素平　绘制）

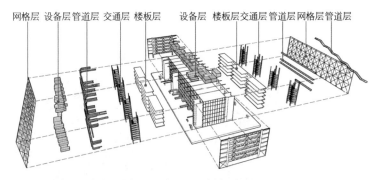

网格层　设备层管道层　交通层　楼板层　　设备层　楼板层交通层　管道层网格层管道层

图5-9　蓬皮杜艺术中心分析图-视角二（邢素平　绘制）

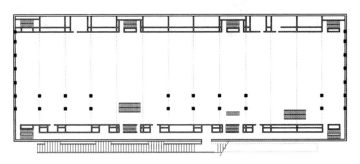

图5-10　蓬皮杜艺术中心平面图（祁锦兵　绘制）

2. 设计过程中前沿技术的应用

前沿技术的应用是对建筑本身设计方法的扩展，为传统建筑行业的创新提供更多可能性。"翅鞘纤维亭"是一个轻盈的室外景观装置，在斯图加特大学内由机器人制造而成。这一装置集合了建筑学、工程学、仿生学和信息工程学原理。顶部由40个六边形单元组成，每个单元平均重45千克，制作周期3小时。设计团队经过几年的研究，使用一种前沿的弯曲复合材料增加被编织结构的强度，使重量小于9千克每平方米的轻量型结构成为可能，整体装置的重量控制在25吨左右。每个单元和7根支撑柱通过计算机编程，再由机器人Kuka创造出来，装置形体如同飞行的甲壳虫纤维状的前翅（图5-11、图5-12）。在翅鞘纤维亭的设计和建造过程中，建筑形式、轻量化设计等环节都需要大量的运算和智能电子协同完成，这样的人机协同设计是当下十分重要的设计发展方向。

图5-11　翅鞘纤维亭

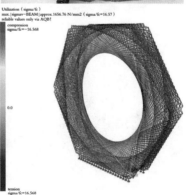

图5-12　翅鞘纤维亭设计建造过程

通过人机协同完成建筑设计的案例有很多，不止微型建筑和建筑小品，有些大型公共建筑设计也是通过人机协同完成的。

新加坡滨海艺术中心于2002年10月落成，是新加坡的地标建筑，包含音乐厅、戏剧院、戏剧中心、餐厅等空间。该艺术中心坐落于新加坡河入海口，毗邻滨海湾，其独特的圆顶造型和建筑构造形成的"粗糙表皮"使其整体外形酷似东南亚特有的植物"榴莲"（图5-13）。这座建筑不仅外形设计奇特，其设计建造还引用了很多前沿的技术：建筑表皮由4590片玻璃及外挂在每片采光玻璃上的L形金属折板构成，这样的设计是经过精密的数字化模拟计算得到的，使其满足自然采光要求的同时，能有效阻挡过多的太阳热辐射。

图5-13　新加坡滨海艺术中心（毕昕　拍摄）

3. 前沿建造技术的应用

近些年来，国家大力推行装配式建筑，装配式建筑主要包括4个系统，即"主体结构系统""外围护系统""内装修系统""设备管线系统"，这些系统的分别预制和统一整合大大提高了工程建造效率。工厂预制也降低了人员成本，降低了生产安全事故发生的概率。

建筑师和工程人员对新材料和建造技术的革新始终没有停止，尝试将前沿技术运用在建筑建造中的步伐也始终没有停止。TECLA是一个在意大利博洛尼亚附近建成的现场3D打印出来的建筑（图5-14）。3D打印技术实现了墙体分层打印和一体化成型。建造中采用的3D打印原料是当地可降解回收的黏土材料，墙体可以适应当地的地区环境。这次尝试为良好的人居环境、建筑的地域性表达和建筑的快速建造找到了合适的切入点。

图5-14　3D打印生态建筑"TECLA"

5.2　节能环保

5.2.1　建筑与建筑能耗

随着科技的发展和建筑技术的进步，现代建筑越来越倾向于绿色发展。我国约有高达95%的建筑是高能耗建筑，庞大的建筑能耗已经成为国民经济的负担。建筑在建造和日常使用过程中产生了大量能耗，据统计，我国在建材生产、建筑建造、使用建筑的过程中的耗能总量已接近全社会总能耗的一半。

建筑给人提供日常的生产、生活环境，随着社会的发展，人们对于建筑环境的品质要求越来越高，但高品质的室内环境需要消耗更多的能源才能得以维持。在此情况下，建筑的节能设计显得至关重要。

建筑在日常使用过程中的能耗包括：冬夏两季维持热环境的能耗、照明能耗、热水能耗及其他能耗。其中用以维持冬夏两季室内热环境的能耗量最大，超过了建筑使用过程产生的总能耗的一半。主要包括：冬季采暖能耗、夏季空调能耗和通风换气能耗。

冬季室温一般需要维持在16～18℃，更舒适的环境则需要达到室温20～22℃。我国幅员辽阔，地跨维度大，严寒和寒冷地区面积大，其他地区冬季也有寒冷时段，因此对建筑得热及保温的需求较高。建筑总得热的70%～75%来自采暖设备供热，此过程需消耗大量能源。同时，夏季城区各类建筑的降温措施以空调设备降温为主，空调消耗的电能就成为建筑夏季的主要能耗。

5.2.2　建筑节能设计原则

建筑节能设计有两个主要原则：整体性与合理性。作为环境的一部分，建筑与周边环境是一个完整的系统。建筑在选址、规划、空间布局、环境设计、外观设计、功能朝向等方面需要综合考量和整体设计才能保证建筑的综合节能效果。合理性体现在建筑设计的各个方面，主要包括以下几点：

1）建筑选址的合理性：建筑选址要考虑当地气候、地质（土质、水质）、地形以及周边其他影响因素，对各种现状进行综合评估后确定选址。在建筑基地已经确定的情况下，需要对场地环境综合考量，选择最适宜的方位进行建筑布置。建筑与周边环境存在双向适应关系，在进行选址综合评估时，既要评价环境对建筑的影响，也要评估建筑对周边环境的影响。

2）外部环境设计的合理性：建筑外部环境的设计是对整体场地环境适应和改善的过程。调节改善场地环境的方法包括：尽量保留或增加绿化（树木和植被），绿化能遮风挡沙、净化空气，还能起到遮光和降噪的效果；创造人工景观（水面、假山、照壁、围墙等），这些景观节点对于遮风和调节室外空气湿度都有一定效果。

3）建筑规划组织的合理性：当场地中有多个建筑单体，或建筑是组合式形体时，需要考虑场地内各个建筑体块之间的组织关系，对建筑整体体量进行控制，防止体块间在主要采光、通风方向上的相互遮挡。建筑的尺寸（高度、宽度）对场地内风环境、光环境影响较大。建筑的朝向对建筑内部采光和得热也有极大影响。

4）单体设计的合理性：建筑单体的合理设计包括：合理的建筑形式、合理的空间设计、合理的功能组织、合理的材料选择、合理的构造设计。不同的建筑形式会形成不同的室内物理环境，形体对建筑节能的影响很大，建筑体形越大，其对建筑节能效果的影响越大。在进行功能和空间组织时，应注意将对采光、通风要求高的空间（起居、教学、办公等主要功能空间）布置在最佳朝向。随着科技的发展，各种新型材料不断被应用在建筑设计中，但建筑材料的选择不应盲目使用新材料，而应遵循健康、经济、节能和符合风貌的原则。

如图5-15所示，绿色办公建筑在功能空间的组织上，将主要办公单元放置在主要的采光朝向，同时利用双层复合表皮、屋顶绿化和太阳能板等技术辅助，做到建筑节能和能源再利用。如图5-16所示，居住建筑在屋面构造上增加覆土层，通过屋顶绿化减少室内热辐射，从而降低空调使用频次，达到节能效果。

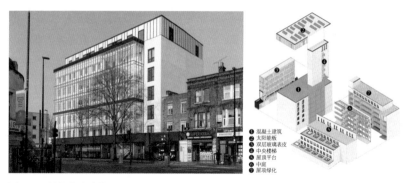

图5-15　绿色办公建筑

图5-16　比利时安特卫普居住建筑"绿色宫殿"

屋面、楼板、外围护墙体、门窗是建筑中的重要构件，这些构件的精细化设计决定了建筑整体的节能效果，对改善建筑室内物理环境有重要作用，毕竟气密性和绝热性较差的门窗造成的能耗占据了建筑围护结构能耗的40%～50%。

建筑单体设计中遵循上述四个原则，将有效提升节能效果。

中意清华环境节能楼是减排方面的范本，据初步核算，该楼每年减排二氧化碳约1200吨，二氧化硫5吨，能耗比同等规模的建筑少70%左右。

该建筑位于清华大学东南角，总建筑面积2万平方米，设计方案整合了被动和主动节能策略，控制外部环境，优化室内环境。建筑平面呈U字形，中有生态中庭，地上部分呈退台式设计，屋顶退台式花园上加装光伏板，光伏发电为建筑提供能源的同时，还可对下一层进行遮阳。中意清华环境节能楼采用钢结构和高性能玻璃幕墙，建筑材料的可回收利用率非常高。在能源使用上，整座楼以天然气和太阳能为主要能源，发电机组产生的废热在冬季用于供热，在夏季为吸收式制冷机提供能源（图5-17、图5-18）。

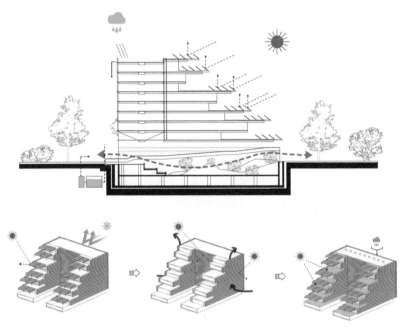

图5-17　中意清华环境节能楼分析图（祁锦兵　绘制）

图5-18　中意清华环境节能楼（毕昕　拍摄）

5.2.3 建筑节能技术

建筑节能技术可以划分为被动式建筑节能技术和主动式建筑节能技术两种。两种技术有着共同的目标：改善建筑的室内外环境（通风、采光、温度、湿度、热辐射等）和降低建筑全寿命周期内的能源消耗。

被动式建筑节能技术是指不需要使用机械设备和化石能源就能调控建筑室内环境（温度、湿度、通风、自然采光等），通过合理的设计策略最大限度地提供舒适的室内空间，降低建筑能耗的技术。被动式建筑节能技术主要包括：被动式太阳能采暖、建筑蓄热、热缓冲区和遮阳技术等。

主动式建筑节能技术与被动式技术不同，需要介入一定的机械设备、新型材料、跨专业技术支持，来达到建筑使用过程中的低能耗效果，主动式建筑节能技术的介入能更有效地调节建筑室内环境，但一般会增加建筑建造阶段和后期设备维护的成本，主动式建筑节能技术主要包括：水源、地源热泵技术、新风热回收、新型建筑材料（Low-e玻璃等）应用等。

1. 建筑节能技术综合应用

对建筑室内环境的优化是一个综合性的技术整合过程，且技术之间会相互影响。例如改善通风的策略可能对室内保温效果产生影响。因此，应结合建筑功能与环境需求，将多种技术综合应用，整合各技术策略间的优缺点，使各种技术充分发挥作用的同时，不会对其他环境因素产生负面影响。接下来将用两个案例加以说明。

五方科技馆由郑州大学建筑学院与河南五方合创建筑设计有限公司联合设计建设，是中原地区首个被动式超低能耗示范项目。该项目位于郑州市二七区西南角，总建筑面积约3800平方米，包含会议、办公及体验式公寓等功能（图5-19）。

主体建筑平面为正方形，中庭部分通高，顶部设天窗，协助自然通风换气。该项目在设计建造过程中参考国内外相关节能设计标准，综合利用外墙保温隔热系统、新风热回收系统、智能监测控制系统、可再生能源，高性能门窗和无热桥设计提供了良好的气密性，综合运用自然通风和自然采光，在改善建筑室内环境的同时有效降低建筑运行能耗。

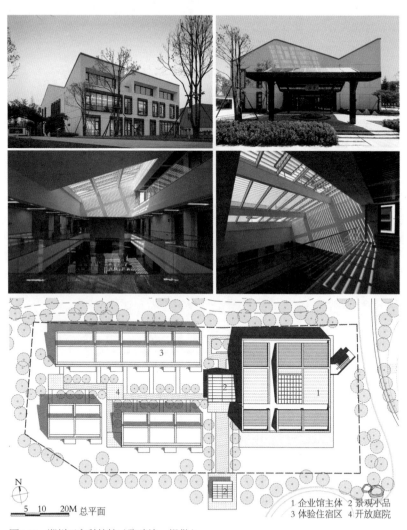

1 企业馆主体 2 景观小品
3 体验住宿区 4 开放庭院

图5-19　郑州五方科技馆（张建涛　提供）

五方科技馆在功能布局上将对采光、通风要求较高的主要办公空间和部分展示空间安排在南向（郑州地区主要采光朝向，夏季风主导风向），同时，中庭通高空间的设置进一步增强建筑采光以及自然拔风的效果（图5-20）。

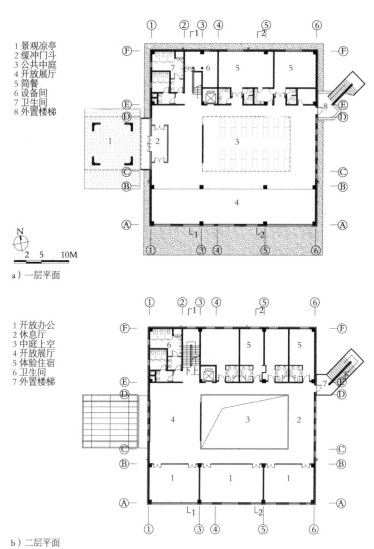

1 景观凉亭
2 缓冲门斗
3 公共中庭
4 开放展厅
5 简餐
6 设备间
7 卫生间
8 外置楼梯

a）一层平面

1 开放办公
2 休息厅
3 中庭上空
4 开放展厅
5 体验住宿
6 卫生间
7 外置楼梯

b）二层平面

图5-20　郑州五方科技馆平面图（张建涛　提供）

侨福芳草地位于北京市朝阳区东大桥9号，是中国第一个获得美国绿色建筑协会LEED铂金级认证的综合性商业建筑，整个项目最初的目标就是要建设一座可持续的绿色建筑（图5-21）。建筑包括4个部分：商业中心、写字楼、酒店和艺术中心。整个项目综合使用被动式建筑节能技术和主动式建筑节能

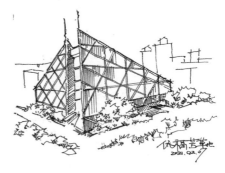

图5-21　侨福芳草地手绘图（毕昕　绘制）

技术，包括设置生态外罩、地道预冷却系统、冷吊顶系统、地板送风系统等。

建筑采用通透的玻璃幕墙及钢架结构，结合顶部采用的ETFE膜材料组成独特的节能环保罩，混合式空调通风系统实现内部独立的微气候环境。楼顶采用斜面设计，充分保证了周围社区的日照，做到与环境共生、和谐相处。同时，侨福芳草地拥有完善的节水设施，气枕似的ETFE膜通过特别设计的排水槽结构连接为一体，将收集的雨水引入地下储水池加以回收利用。

侨福芳草地在设计中力图解决建筑与环境的关系、建筑与人的关系和人与环境的关系。建筑本身与周边环境和谐共处，较大体量也不会影响周边建筑的自然采光与通风。建筑利用多种建筑节能技术，给使用者提供良好的室内环境（图5-22、图5-23）。

图5-22　侨福芳草地室内中庭（邢素平　拍摄）

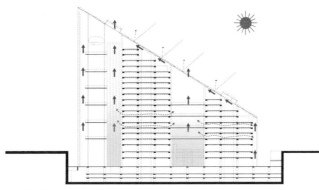

a）侨福芳草地热压通风分析

b）侨福芳草地外立面　　　　　　　　c）侨福芳草地立面结构

图5-23　侨福芳草地（陈伟莹　拍摄；祁锦兵　描绘）

2. 生态建筑设计

　　生态建筑是根据当地的自然生态环境，运用生态学、建筑技术科学的基本原理和现代科学技术手段，合理安排和组织建筑与其他相关因素之间的关系，使建筑和环境成为一个有机结合体，同时具有良好的室内气候条件和较强的生物气候调节能力，以满足人们居住生活的需求，使建筑与自然形成一个良性循环系统。

　　新加坡皮克林宾乐雅酒店地处新加坡核心商务区，该酒店设计的主要概念是将公园"折叠"到建筑的垂直空间中，实现1.5万平方米的垂直绿化空间，这样的绿化面积是新加坡芳林公园的两倍（图5-24）。新加坡地处赤道附近，属于热带雨林气候，年平均温度在23～34℃之间，全年长夏无冬，气温变化小且雨量充足，年均降雨量在2400毫米左右，空气湿润，湿度在65%～90%之间。这样的气候条件是植被生长的天然温床，无须过多的人工干预，建筑立面与屋顶上的绿植也能很好地生长（图5-25）。建筑自身近乎山石洞窟的形态使其具有极好的自然生态融合感，成为当地代表性生态建筑（图5-26）。

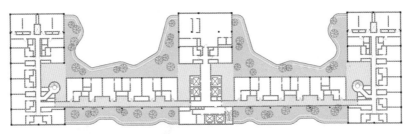

图5-24　新加坡皮克林宾乐雅酒店局部及室外廊道平面图（祁锦兵　绘制）

图5-25　新加坡皮克林宾乐雅酒店（毕昕　拍摄）

图5-26　新加坡皮克林宾乐雅酒店局部及室外廊道照片（毕昕　拍摄）

5.3　学科协同

5.3.1　学科与跨学科

学科本身具有多重含义，一般包含科学门类或某一研究领域的教学内容、规范等含义。从其本源来说，学科一方面指知识的分类和学习的科目，另一方面又指对人进行培养的具体内容。美国学者伯顿·克拉克在他的《高等教育新论》一书中提出：学科包含两种含义，一是作为知识的"学科"，二是围绕这些"学科"而建立起来的组织。

学科的含义可以从三个角度来了解：从创造知识和科学研究的角度看，学科是一种学术的分类，指一定科学领域或一门科学的分支，是相对独立的知识体系；从传递知识和教学的角度看，学科就是教学的科目；从人员构成来看，学科就是学术组织，即从事科学与研究的机构。这是学科的三个基本内涵，学科在不同的场合和时间体现不同的内涵。本节涉及的内容主要是指学术和专业知识的分类。

跨学科是教育学术语，做名词时也被称为交叉科学，具体而言是指专门学科的综合科学含量，每一门科学，都有它的跨学科性（包含其他的科学范畴）

和跨学科发展；做动词时则是指超越原学科界限，从事其他学科的学习。跨学科的目的主要在于通过超越以往分门别类的研究方式，实现对问题的整合性研究。国际上比较有前景的新兴学科大多具有跨学科性质。

跨学科可分为方法交叉、理论借鉴、问题拉动、文化交融四个大的层次。其中，方法交叉有比较、移植、辐射、聚合等形式，这些通常发生在各学科之间，其中每一方面和环节都包含着非常丰富、细致的内容。理论借鉴主要指知识层面的互动，通常表现为新兴学科向已经成熟学科的求借和靠近，或成熟学科向新兴学科的渗透与扩张。问题拉动是以较大的问题为中心所展开的多元综合的研究过程，有纯粹为研究客观现象而实现的多领域综合，也有为探讨重大理论问题而实现的多学科综合，更有为解决重大现实疑难而实现的各个方面的综合。

设计领域中的跨学科并不是一个新鲜的概念。对设计师们来说，本应不拘泥于自己的特定技能或研究方向，而是多领域发展。同时，设计是一个不断创新的过程，从其他学科找寻灵感，进行演绎和创造，本身就是设计的重要方法和过程。

5.3.2　建筑学与相关学科

建筑学在我国被划入工科门类，但建筑学又与工学、美学、人文、艺术等学科中的很多内容有交叉和互相借鉴的部分。建筑学本身的内涵和外延都十分丰富，人文科学、自然科学和社会科学等领域的内容皆与其相关。跨学科的知识借鉴对于如今的建筑学理论研究有十分重要的意义，在建筑设计中运用跨学科知识，可能会成为触发方案发展的灵感来源，或是解决问题的关键因素。

时代的发展不断对建筑师提出更高的要求，现代科学所呈现出的社会化和跨学科趋势为建筑学的发展提供了条件。现代科学一体化的趋势给建筑学的发展带来了新的动力和无限的生机。这种动力不仅表现在相关学科的新成果、新理论为建筑学研究提供了广阔的视野，还表现在为建筑学提供了许多新的研究方法。建筑活动是一个复杂、多层次的系统，它与政治、社会、经济、文化都有着密切的联系，必然要从不同角度进行研究。

一座建筑的落成包括了设计和建造两个过程，无论是建筑本身，还是设计、建造环节，都需要多学科的参与和协同（图5-27），许多学科的内容都可以作为建筑设计的概念来源，原来与建筑学同属一个学科的城乡规划学和风景园林学中的相关理论对建筑学的影响更大。

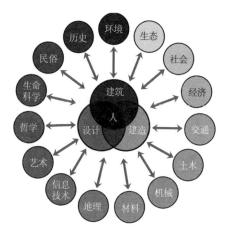

图5-27　建筑学与相关学科关系图（邢素平　绘制）

5.3.3　建筑设计中的跨学科理论与技术应用

其他学科中的很多理论与技术都可以被运用在建筑设计中，比较常用的手法有三种：借鉴其他学科研究对象的外形；使用其他学科理论；利用其他学科技术。

1. 借鉴其他学科研究对象的外形

第四章提到了关于建筑形态仿生（借鉴生物形态）的内容，建筑形态仿生可看作是建筑外形对生物学中生物形态的模仿。除生物形态外，地理学、地质学中的自然形态（山、树、云等）也常被用作建筑外形模仿的对象。而其他学科中的研究对象也经常被用作建筑外形的灵感来源，其中，作为现代建筑起源重要分支的俄国构成主义对此研究较多，非常注重将具有象征意义的形抽象为建筑外形。例如，白俄罗斯国立技术大学建筑楼的建筑外形是为了纪念苏联对太空的探索，建筑的外形被设计为航天飞船的样子（图5-28）；还有构成主义奠基人塔特林设计的著名现代主义建筑第三国际纪念塔，其形态近似DNA的双螺旋曲线（图5-29）。

图5-28　白俄罗斯国立技术大学建筑楼（毕昕　拍摄）

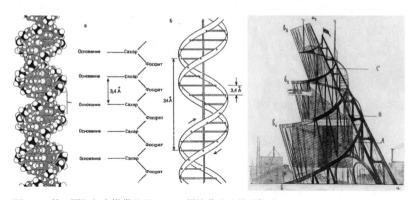

图5-29　第三国际纪念塔借鉴了DNA双螺旋曲线的外形构成
注：该图取自参考文献[95]。

2. 使用其他学科理论

其他学科中的很多研究理论都曾被运用在建筑设计中。尤其是曾经归属于同一学科的城乡规划学、风景园林学中城市设计、景观设计的理论和土木工程学中结构设计的理论被应用得最多。

设计学和美学中的理论是最早被应用在建筑设计中的跨学科理论，早在古希腊、古罗马建筑中就能发现来自雕塑和绘画的美学理论。设计学和美学中关于形态的平面构成理论、立体构成理论和色彩构成理论都是近现代建筑设计中常用的设计方法。建筑设计经常利用设计学中二维空间点、线、面的构成手法进行构图操作，再由二维图形生成建筑立体形态（图5-30）。最早在这方面开展研究是俄国构成主义代表人物康定斯基与梅尔尼科夫，另一位俄国建筑师切尔尼霍夫在康定斯基与梅尔尼科夫的理论基础上更深入地探讨了平面构成、立体构成和色彩构成手法下的建筑形体构成，并利用这些手法设计出若干具有超强理念的建筑形体（图5-31、图5-32）。

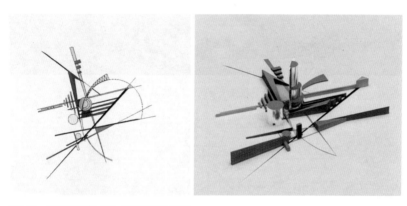

图5-30　利用形态构成生成建筑形体案例

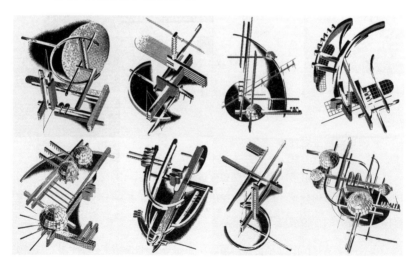

图5-31　切尔尼霍夫的建筑幻想（一）

图5-32　切尔尼霍夫的建筑幻想（二）

3. 利用其他学科技术

除学科理论外，一些其他学科的技术也可以被应用于建筑及建筑设计中。计算机数字分析技术对于建筑设计的辅助作用、裸眼3D影像技术在建筑立面上的应用（图5-33）、机械自动化技术对于建筑外形可变性上的探索等都是跨学科技术在建筑及建筑设计中的直接应用。

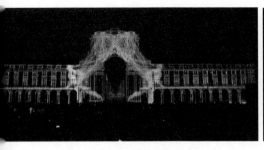

图5-33　裸眼3D影像技术在建筑外立面上的应用

河南省科技馆（新馆）位于郑州东部，总建筑面积13.04万平方米，建筑外形为曲面造型，其中幕墙使用了37700多块双层阳极氧化铝板。建筑表皮采用的是阳极氧化铝单板，这是一种新型幕墙材料，不仅具有很强的自我洁净功能，还易于后期清洗。科技馆外覆的上千块大小各异的氧化铝板可以自由翻转，始终与光照角度保持一致，光线透过背后的大跨度玻璃幕墙映入室内，材料学中的阳极氧化铝板配合工学机械专业的无级调节连接件，使建筑外观具有可变性，可调节采光，增加室内光影的艺术性（图5-34）。

图5-34　河南省科技馆（新馆）（毕昕　拍摄）

参考文献

[1] 彭一刚. 建筑空间组合论[M]. 2版.北京：中国建筑工业出版社，1998.

[2] 史密特. 建筑形式的逻辑概念[M]. 肖毅强，译. 北京：中国建筑工业出版社，2003.

[3] 毕昕.建筑构图解析：立面、形体与空间[M]. 北京：机械工业出版社，2017.

[4] 张伶伶，孟浩. 建筑设计指导丛书：场地设计[M]. 北京：中国建筑工业出版社，2010.

[5] 金彦，刘峰. 建成环境下的城市建筑设计[M]. 南京：东南大学出版社，2012.

[6] 周卫. 历史建筑保护与再利用：新旧空间关联理论及模式研究[M]. 北京：中国建筑工业出版社，2009.

[7] 科特尼克. 儿童学习空间设计[M]. 潘潇潇，译. 桂林：广西师范大学出版社，2017.

[8] 张为诚，沐小虎. 建筑色彩设计[M]. 上海：同济大学出版社，2000.

[9] 张月. 室内人体工程学[M]. 2版. 北京：中国建筑工业出版社，2005.

[10] 杨茂川. 空间设计[M].南昌：江西美术出版社，2009.

[11] 常怀生. 环境心理学与室内设计[M]. 北京：中国建筑工业出版社，2000.

[12] 刘怀敏，李兰，詹华山.人体工程学与应用[M]. 重庆：重庆大学出版社，2015.

[13] 柯布西耶.光辉城市[M].金秋野，王又佳，译. 北京：中国建筑工业出版社，2011.

[14] 罗西.城市建筑学[M].黄士钧，译. 北京：中国建筑工业出版社，2006.

[15] C.布罗林.建筑与文脉：新老建筑的配合[M]. 翁致详，叶伟，石永良，等译.北京：中国建筑工业出版社，1988.

[16] 科斯托夫.城市的组合：历史进程中的城市形态的元素[M].邓东，译. 北京：中国建筑工业出版社，2008.

[17] 文丘里.建筑的复杂性与矛盾性[M].周卜颐，译. 北京：中国水利水电出版社，2005.

[18] G.赫什伯格. 建筑策划与前期管理[M]. 汪芳，李天骄，译. 北京：中国建筑工业出版社，2005.

[19] 齐约克. 韵律与变异[M]. 古红樱，译. 北京：中国建筑工业出版社，2008.

[20] 户川啓智. 日本建筑空间设计获奖作品集[M]. 孙逸增，译. 沈阳：辽宁科学技术出版社，2002.

[21] 杨军，陈天，陈曦. 城市公共建筑[M]. 南京：江苏科学技术出版社，2014.

[22] 钟义信. 机器知行学原理：信息、知识、智能的转换与统一理论[M]. 北京：科学出版社，2007.

[23] 王光.2010建筑设计大赛年鉴[M].北京：北京建筑技术出版社，2010.

[24] 陈湘建，尹建国.基于行为认知的无意识设计初探[J].艺海，2020（11）：85-87.

[25] 韩冬青，顾震弘，吴国栋.以空间形态为核心的公共建筑气候适应性设计方法研究[J].建筑学报，2019（4）：78-84.

[26] 罗智星，杨柳.基于气候适应策略的生态建筑设计方法研究：以大陆性严寒地区生态住宅设计为例[J].南方建筑，2010（5）：17-21.

[27] 王寒冰.基于环境价值的建筑策划与建筑设计研究[J].城市建设理论研究（电子版），2018（25）：61.

[28] 刘翠，刘娜.基于界面优化的街道活力营造：以上海多伦路为例[J].城市建筑，2020，17（1）：31-34.

[29] 钱越，张曦.新建公共建筑对传统建筑环境的利用与呼应：以历史文化名城苏州古城区为例[J].苏州科技学院学报（工程技术版），2015，28（2）：72-76.

[30] 孔宇航，曾波.加利西亚现代艺术中心解析[J].城市建筑，2013（23）：118-120.

[31] 王璐，王斌.整体逻辑性下的建筑形态生成方法解析：以三个中外经典建

筑作品为例[J].城市建筑，2017（29）：31-33.

[32] 何镜堂.文化传承与建筑创新[J].建筑设计管理，2011，28（8）：3-4.

[33] 缪军.形式与意义：建筑作为表意符号[J].世界建筑，2002（11）：65-67.

[34] 李晓雪.传统建筑文化在现代建筑设计中的传承与应用探析[J].城市建设理论研究（电子版），2018（29）：59.

[35] 历史文化名城名镇名村保护条例[J].中华人民共和国国务院公报，2008（15）：27-33.

[36] 佚名.西安交通大学的沿革和现状[J].西安交通大学学报，1981（2）：4-10.

[37] 卢济威，张凡.历史文化传承与城市活力协同发展[J].新建筑，2016（1）：32-36.

[38] 史秋实.街巷空间设计尺度探讨：从行为学的角度体验城市空间[J].建设科技，2012（23）：75-77.

[39] 金凯.人·空间·尺度[J].哈尔滨建筑大学学报，2001（1）：101-103.

[40] 王益.尺度的新诠释[J].南方建筑，2006（4）：77-79.

[41] 王雪琳.空间尺度与形式：如何将有限的空间无限化[J].艺术与设计（理论），2010，2（10）：89-91.

[42] 王鑫刚.浅谈普通住宅的空间尺度设计[J].建筑，2017（18）：73-75.

[43] 罗秋红.公共建筑线性交通空间尺度设计探讨[J].工程建设与设计，2020（12）：25-26.

[44] 江立敏，王涤非，戴雨航.文学引导设计：汪曾祺纪念馆设计谈[J].时代建筑，2020（4）：140-147.

[45] 倪冲.以色列犹太人大屠杀纪念馆[J].公共艺术，2014（4）：94-97.

[46] 冯雷.心理学路径对空间哲学的影响：从形而上学空间到知觉空间[J].马克思主义与现实，2008（1）：124-135.

[47] 岳鹏，刘雪麒."开放式"幼儿园建筑的空间模式研究[J].城市建筑，2018（8）：100-102.

[48] 汪悦，孟祥庄.基于心理学的儿童活动空间景观设计研究[J].绿色科技，2019（21）：14-15.

[49] 王贵祥.中西方传统建筑：一种符号学视角的观察[J].建筑师，2005（4）：

32-39.

[50] 吕渊.浅谈当代仿古建筑设计中的文脉传承[J].建筑工程技术与设计，2016（3）：1087.

[51] 肖竞，曹珂.从"刨钉解纽"的创痛到"借市还魂"的困局：市场导向下历史街区商业化现象的反思[J].建筑学报，2012（S1）：6-13.

[52] 段勇，范田田.比例和尺度在建筑空间中的应用[J].大众文艺，2015（10）：67.

[53] 陈红兵，秦克寅.传统生态民俗内涵、传承机制及其当代建设[J].福建师范大学学报（哲学社会科学版），2021（2）：40-53.

[54] 周约妙.民俗与现代建筑艺术设计结合路径探索[J].美术文献，2020（3）：141-143.

[55] 吴枫.中华传统民俗文化在建筑设计中的应用研究[J].建筑与文化，2019（4）：232-233.

[56] 程大锦.建筑：形式、空间和秩序[M]. 刘丛红，译. 天津：天津大学出版社，2008.

[57] 周韬，王雪强.日本现代主义建筑设计手法与传统建筑异同比较研究：以桂离宫与安藤忠雄作品为例[J].城市建筑，2017（11）：49-56.

[58] 李红豫，陈治尹.BIM+3D打印技术的装配式建筑研究进展[J].施工技术，2019，48（S1）：276-279.

[59] 谢晓晔，丁沃沃.从形状语法逻辑到建筑空间生成设计[J].建筑学报，2021（2）：42-49.

[60] 尹旭红，汪恽芳.建筑形态的逻辑建构[J].建筑科学，2020，36（9）：219-220.

[61] 黄玥.建筑艺术理念与设计创作中的逻辑探究[J].芒种，2018（6）：114-116.

[62] 李平.现代建筑形体构建逻辑与建筑空间构成分析[J].科技展望，2015，25（27）：28.

[63] 冯军.关于建筑美学与建筑设计结合的探析[J].中华建设，2021（3）：48-49.

[64] 高雅琦，方拥.逻辑的构建：艾雷斯·马特乌斯兄弟作品解析[J].新建筑，2013（2）：117-121.

[65] 李袭霏.衍伸于环境的中间领域：基于共生思想的高伊策景观设计作品浅析[J].大众文艺，2019（12）：63-64.

[66] 覃力.《黑川纪章城市设计的思想与手法》译后感[J].新建筑，2003（6）：68-70.

[67] 徐好好.建筑在建成环境之中：德卡洛和乌尔比诺大学教育学院的实践[J].新建筑，2013（5）：40-45.

[68] 李晓伟，林兴杨.适应气候的建筑设计策略及方法研究[J].中国房地产业，2019（9）：80.

[69] 高博，张建睿，张炎涛.欧洲城市生态建筑设计探析：以英德三个建筑实例为例[J].工业建筑，2020，50（7）：198-203.

[70] 甄博．浅析旧城保护规划的前期建筑策划：以朔州市右玉县右卫镇为例[J]．太原城市职业技术学院学报，2013（11）：16-17.

[71] 邹永华，宋家峰.环境行为研究在建筑策划中的作用[J].南方建筑，2002（4）：1-3.

[72] 李继奎.建筑设计中生态建筑观的应用研究[J].建筑技艺，2019（S1）：174-175.

[73] 韩卫萍.将绿色建筑理念自然融入设计[J].建筑科学，2007（6）：106-110.

[74] 马英平.融入自然的建筑：解读安藤忠雄建筑创作自然观[J].华中建筑，2010，28（6）：8-10.

[75] 黄华，郑东军.中国传统建筑在近代的文化转型[J].重庆建筑大学学报，2002（5）：5-8.

[76] 李建可.基于行为心理的建筑空间设计[J].江西建材，2021（7）：90-93.

[77] 优加设计.郑东新区龙湖公共艺术中心[J].建筑学报，2021（1）：80-84.

[78] 刘宇波，刘彬艳，王梦蕊.基于自然光环境改善的青少年教育空间设计探索[J].建筑技艺，2019（4）：40-43.

[79] 徐宗武，徐雅婧.当中国建筑遇到斯堪的纳维亚：海峡文化艺术中心地域文化属性解读[J].建筑技艺，2020（6）：9-17.

[80] AECOM. 自然流动之意境，品质琢磨之匠心：记华为南京研发中心设计[J].建筑技艺，2020（6）：102-107.

[81] 桂学文，毛凯.因地制宜，塑造场所精神：以三个博物馆建筑设计为例[J].建筑技艺，2021，27（1）：10-25.

[82] 袁烽，罗又源.数字装配：上海西岸人工智能峰会B馆中的范式转向[J].建筑技艺，2021，27（2）：32-35.

[83] 程超，冯金龙.校园空间交互网络中的"核"建筑：南京林业大学新图书馆[J].建筑技艺，2020（1）：22-29.

[84] 王单单.马萨纳艺术学校，巴塞罗那，西班牙[J].世界建筑，2020（1）：46-51.

[85] 王惠.猎人角社区图书馆，纽约，美国[J].世界建筑，2021（1）：24-31.

[86] 立木设计. 极致自然：汕头幼师学校，广东，中国[J].世界建筑，2021（2）：54-57.

[87] 任力之，仲维达，刘琦.场所滋养·意义化成：东吴文化中心[J].建筑技艺，2019（6）：26-33.

[88] 朱锫.根源性与当代性：景德镇御窑博物馆的创作思考[J].建筑学报，2020（11）：50-53.

[89] 格康. 亚投行总部大楼暨亚洲金融大厦[J].建筑学报，2020（10）：78-84.

[90] 王维仁，严迅奇，余啸峰.香港中文大学深圳校园一期工程[J].建筑学报，2020（Z1）：78-91.

[91] 王伯鲁，郭淑兰.建筑技术及其发展趋势探析[J].科技导报，2002（7）：22-25.

[92] 陈瑾，韩润成.环境心理学在纪念馆设计中的应用浅析：以侵华日军南京大屠杀遇难同胞纪念馆设计为例[J].城市建筑，2020，17（10）：145-148.

[93] 刘易斯，鹤卷，丁·刘易斯. 剖面手册[M]. 王雪睿，胡一可，译. 南京：江苏凤凰科学技术出版社，2017.

[94] 列别捷娃. 建筑学仿生[M]. 莫斯科：莫斯科建筑出版社，1990.